无公害蔬菜病虫害防治实战丛书

西葫芦 南瓜疑难杂症图片对照 诊断与处方

第2版

潘 阳 孙 茜 主编

U0395183

中国农业出版社
北 京

第2版编写人员

主　编　潘　阳　孙　茜

副主编　孙祥瑞　张尚卿　张家齐　俞凤娟
　　　　邸垫平　柳春红

参　编（以姓氏笔画为序）
　　　　马广源　王吉强　汪　洋　苗少娟
　　　　李　向　李丽娟　范仲舒　岳艳丽
　　　　杨　菲　张爱红　张振峰　张建峰
　　　　郭志刚　夏艳辉　康振宇　潘文亮

第1版编写人员

主　编　孙　茜

副主编　潘文亮　戴东权　王幼敏　王永存

　　　　狄政敏　李　楠　赵海增　孙德民

参　编（以姓氏笔画为序）

　　　　白广炜　史明静　吕庆江　刘伯春

　　　　刘俊田　李丽娟　李贤军　李晓明

　　　　张　烨　邵凤艳　姚秀娜　袁章虎

　　　　董灵迪　潘　阳

序　言

　　"无公害蔬菜病虫害防治实战丛书"自2005年出版以来，得到了河北省乃至全国广大菜农和技术人员的广泛关注和喜爱，为正确诊断蔬菜病虫害、科学准确使用农药和推进蔬菜产业健康快速发展发挥了十分重要的作用。

　　目前，蔬菜产品的质量安全是社会和消费者关注的热点之一，蔬菜病虫害防控与正确应用高效低毒农药，是保证蔬菜产品质量安全的关键环节。多年以来，孙茜研究员长期深入蔬菜生产基地，融入广大菜农中间，共同深入研究探讨，反复多次试验示范，并从生产实践中整理总结出了非常宝贵的新经验、新点子、新方法、大处方、小处方、防治历等多种好技术，应用效果好，实用性非常强，是解决蔬菜生产中病虫害技术问题的"神方妙法"，是解决蔬菜生长异常难题的"灵丹妙药"。

　　"无公害蔬菜病虫害防治实战丛书"的修订再版，又融入了许多新的内容、新的技术、新的方法和新的农药品种。该书的特点是文字简洁凝练，内涵丰富，图文并茂，白话叙述，一看就懂，简单易学，是菜农和技术人员离不开手的技术工具。该书的再版，必将为蔬菜产品质量安全水平提升、蔬菜产业提质增效发挥更大的技术指导作用。

河北省蔬菜产业发展局调研员

农业农村部蔬菜专家技术指导组成员　王振庄

中国蔬菜协会副会长

2018年7月

前　言

　　蔬菜在人们的生活中占有非常重要的地位。蔬菜产业也已经是中国农民重要的致富产业。"无公害蔬菜病虫害防治实战丛书"作为无公害蔬菜生产的指导用书，自2005年出版发行后，受到广大菜农和一线技术人员的好评，得到了菜农的广泛认可和实践验证，他们纷纷来电来信通报按照该书防治大处方操作后取得的丰收喜讯。在我身边有遍布全国的菜农粉丝和新技术的示范农户。这套丛书也已经印刷了数次，发行80余万册，并得到了同行专家的肯定，2008年获得了"中华农业科技奖科普图书奖"、2009年获得河北省优秀科普资源二等奖。源源不断的菜农朋友们的喜讯和荣誉，让我作为一个科技推广人员多了一份忐忑，更感到自身的责任和义务。

　　随着设施蔬菜种植面积的迅速扩大和经济效益的逐年增长，以及无公害或绿色蔬菜生产的需要，蔬菜生产一线各种问题也在增多，设施蔬菜的连茬、重茬种植以及农药和化肥施用的不规范，仍然是蔬菜生产中的突出问题。种植模式多种多样致使病害种类繁多、发生情况更加复杂。当前，蔬菜安全生产和绿色农业战略是我国农业和蔬菜产业发展的总趋势。在责任编辑的邀约下，我把近期与菜农共同示范完成的"绿色蔬菜病虫害保健性防控新技术"编入修订书稿中，把近期生产实践中获得的新经验、新点子、新方法、小处方收集整理编入修订书稿中，把农药新品种、改良土壤连茬障碍和盐渍化新配方、近期发生的新病害救治技术等内容编入修订书稿中，同时保持第1版技术简便、易学、好操作的风格。这套丛书仍然是以绿色农业和生产无公害蔬菜为宗旨，以保障菜农丰产丰收为目标，从目前职业菜农种植实战需求出发，对不易诊断的病害问题，对非典型和疑似病害进行辨别、分析，提出解决问题的办法，给出救治方案。

在丛书修订再版之际，衷心感谢河北科技菜农俱乐部的科技菜农团队给予的绿色病虫害防控技术方案的示范验证，感谢他们的生产一线工作经验和体会的分享。感谢在试验示范中提供蔬菜种子、农药的企业单位。有了这些丰富的田间一线的工作经验和体会，才有了更贴近生产一线的符合当前蔬菜安全生产和农药减量控害要求的实际操作技术。企盼这套丛书成为菜农朋友、蔬菜园区技术人员实用的致富工具。

孙　茜

2018 年 7 月

目　录

写在前面的话

随着设施蔬菜经济效益的逐年增加，种植面积的不断扩大，引进、发展特菜品种的增多，设施蔬菜特有的生产场地固定无法轮作倒茬，连作、重茬种植以及农药和化肥残留在田间的积累、过量和不规范施用等问题凸显。设施蔬菜生产种植模式多种多样，致使病害种类繁多、症状表现更加复杂。许多菜农防治病虫害水平还停留在种植大田作物的水平上。虽然国家和职能部门及舆论一再强调无公害生产，但是在实际生产中仍然存在着许多不容忽视的问题，主要表现在以下几方面。

1. 病虫害防治用药不规范。病虫害防治中用药随意，乱、混、杂，老菜农凭经验办事，不按照农药的药理药性施药，随意缩短持效期间隔；新菜农一旦发现病虫害任意加大用药量和盲目将几种药剂混用，使得蔬菜长期生长在治病也致命（残）的环境里，如图1。

2. 菜农预防病虫害和安全用药意识薄弱。特别是生产名优蔬菜时，蔬菜价格越高，菜农保秧护果意识越强，唯恐蔬菜得病。菜农不采取预防病虫害措施，一旦发病则拼命喷药，有时仅仅是一种病害，也要自主多加几种防治其他病害的药剂一起喷，如图2，使得西葫芦、南瓜植株

图2　菜农自配混用农药的现场

图1　植物生长调节剂蘸花浓度过高造成西葫芦叶片畸形

披上一层厚厚的药衣。

3.注重防病忽略了蔬菜生长的安全性。劣质农药、仿制品或硫黄类混配农药对蔬菜瓜果的刺激性和危害性极大，如图3。随着种植结构的改变，以往种植大田作物的农民向蔬菜产业转化，虽然许多新菜农具备了设施蔬菜生产的硬件，如日光温室、集约化育苗设备、优良种子等，但是其管理、防病技术却仍然停留在生产大田作物防病用药的基础上。安全施用农药的意识非常薄弱，甚至是空白，这就给不法农资经销商经营假药、劣质农药以可乘之机。他们为一己之利欺骗（忽悠）新菜农，说某种药治病效果多么多么好，多么神奇，加上某种药又会有更好的防治效果，再加上某种营养药剂会壮秧，等等。殊不知多种农药的重复混用加大了蔬菜的药害风险，图3和图4为药害所致畸形叶和畸形瓜。生产中由于不科学用药而造成的生长畸形、落花落果等药害、肥害现象非常普遍。

图3　多效唑过量导致的西葫芦畸形叶片

图4　药害刺激幼果导致的畸形瓜

4.无公害蔬菜生产标准得不到执行。就蔬菜病害预防来说，菜农对于无公害生产要求一般还能遵守，但是在流行性病害大发生时，无公害防治在菜农心中就仅仅剩下一个概念了。发病急用药的心情和执行无公害生产标准用药的约束相矛盾。这时，多数菜农容易被农药经销商所左右。往往是什么药好使、什么药劲儿（毒）大，就用什么。蔬菜生产允许使用的农药和允许残留标准难以落实，无公害蔬菜生产标准难以落实。

5.缺乏病虫害识别基本知识。一些菜农不能正确判断蔬菜生长异常的原因，特别对症状相似的病害辨别不清，缺素症、肥害、病毒病混为一谈，以致生产中存在滥用药和盲目自配、混配药剂的做法，如图5。

图5　菜农在河边粗放地配制农药

正是由于上述这些现象，使得蔬菜病、虫、草、药、肥（盐）害发生日益严重。尤其是保护地设施栽培的瓜菜。由于反季节栽培，使各种病害的症状不够典型，增加了识别难度，更难以做到及时救治。

我们在对菜农进行病虫害防治咨询和技术指导过程中，直接面对上述问题，经历了从单一病害的识别、农业措施防治及农药补救的较专业化的辅导，到将复杂的病、虫、草、药、寒、盐、冻、涝害等植株症状区别普及化和植保技术简单系列化、方案化（处方化）的历程。总结我们在一线生产指导生产示范的经验并归纳相关知识后，再用农民的语言辅导农民，取得了良好的效果。为了使菜农走出混乱用药和高农药成本投入的误区，达到低残留、无污染和无公害生产蔬菜的目的，我们编写了这本小册子，愿这本图书的再版能为西葫芦、南瓜生产和菜农朋友们提供病虫害防治技能上的帮助。图6为系统化防控技术指导下的西葫芦长势，图7为系统化防控技术指导下的南瓜丰收景象。

图6　系统化防控技术指导下的西葫芦长势

图7　系统化防控技术指导下的南瓜丰收景象

一、西葫芦、南瓜病虫害的田间诊断

（一）田间病虫害诊断应该考虑的因素

蔬菜病虫害田间诊断是一项农业综合技能的体现。科研与田间技术人员的诊断区别在于，前者可以取样返回实验室培养、分离、镜检后再下结论。它的准确率高，防治方案正确率高，但时间缓慢，与生产要求不相适应。田间技术人员的诊断则不一样，必须在第一时间内初步判断症状的因由范围，即刻给出初步的救治方案，然后再根据实验室分析鉴定结果修正防治方案。因此判断病、虫、药、肥、寒、热害等症状应注意如下程序和因素。

1.观察：从局部发生症状的叶片到整株、从发病植株到其所在棚室的具体位置，以及当地的栽培方式、栽培习惯等，都应仔细观察。从一个棚室的一种症状或一种现象，到几个乃至十几个棚室的蔬菜生长状况则能发现一种规律。这里有自然的也有人为造成的。

2.追询：土壤环境状态、连茬情况、上茬作物、周围种植作物种类、除草剂使用情况及品种类型、剂量、存放地点等都是直接或间接影响病害发生的重要因素。分析一种病症时要考虑菜农的种植栽培史，调查连茬种植年数，及上茬种植作物情况。往往因连年种植同一作物致使某些病害大发生，或者土壤有机肥严重不足，大量化肥作底肥、追肥而造成土壤盐渍化，植株生长受到抑制。图8为生长在盐渍化土壤中的南瓜没有须根的黄化根系。

图8　生长在盐渍化土壤中的南瓜没有须根的黄化根系

3.了解：摸清品种特征特性，如耐寒、耐热，以及对弱光的敏感性，看其是否适合当地季节、气候种植。随着国内外优良西葫芦、南瓜品种的引种、推广，品种趋于繁多，各品种抗高温性、耐热性及耐寒性也不尽相同。每个品种所要求的环境是固定的，栽培方法和种植密度都不尽相同。了解品种的特征特性，对判断病害很有帮助。图9为耐低温弱光的冬玉西葫芦，图10为用于休闲观光和馈赠礼品的架式栗南瓜。

图9　耐低温弱光的冬玉西葫芦

图10　作观光和礼品的架式栗南瓜

4.收集：通过收集菜农所用药剂的包装袋，了解菜农施用农药习惯、施用农药史及存放农药的地方。由于菜农预防病害时大多3～4种农药混用于1桶*水（1喷雾器）中，将杀菌2～3种、杀虫剂、植物生长调节剂等农药混用，或有假劣农药充斥其中，加上三五天就喷一次，蔬菜生长受到抑制或损害，如图11。所以诊断时一定收集排查农民施用过的药袋子，找出药害依据，如图12。

5.求证：求证土壤施用基肥、追肥或冲施肥的情况，亩用肥量及氮、磷、钾和微肥有效含量、生产厂商及施肥习惯等。由于常年种植高产作物，人们往往有机肥不足时化肥补。生产中常有将未腐熟好的鸡粪干、猪粪或牛粪直接施到田间，造成有害气体熏蒸为害，或冲施肥不是等量均匀撒在垄中而是在入水口随水冲进畦里，如图13。地势不平的低洼地块会造成烧根黄化以及盐渍化现象。

6.天气：了解蔬菜生长的气候条件对诊断生长异常很重要。设施蔬

＊　1桶水即1喷雾器水=16升水。——编者注

图11 多种农药混用不当造成的化瓜　　图12 瓜农用过的药袋子作为诊断依据

菜种植模式、当季气候，包括温度、湿度、自然灾害情况的气象记录等与突发性的病症有直接的关系。如下雪、大雾、连阴天、多雨、霜冻的突然降至、水淹等，都应在诊断时充分考虑到。图14为冬季大雪低温寒冷条件下的大棚。

图13 菜农随水加入不等量的冲施肥　　图14 冬季大雪覆盖下的大棚

　　7.人为因素：在诊断生长异常时人为破坏也是应考虑的因素。现实中曾发生过由于经济利益或家族矛盾，向生长正常的作物上喷施植物生长调节剂甚至除草剂的现象，如图15。

　　8.取样：采取病害标本带给研究部门分离和分析鉴定。

图15　将灭生性除草剂喷施到玉米上

（二）田间病虫害诊断应涉及的范围

在植物生长异常诊断中常常是不同专业的科技人员得出不同的结论。有时受学科限制对某一现象给予单一的解释。其实，作物生长异常可能是综合因素作用的结果，包括栽培种植、管理、防病用药手段、天气、肥料等，诊断时涉及如下范围，可以逐步排除，从而得出接近实际的结论。

首先应判断是病害还是虫害，或是生理性病害。

（1）由病原寄生物侵染引起的植物不正常生长和发育受到干扰破坏所表现的病态，常有发病中心，由点到面……………………………病害

　　a.蔬菜遭到病菌侵染，植株感病部位生有霉状物、菌丝体并产生病斑……………………………………………………………………真菌病害

　　b.蔬菜感病后组织解体腐烂，溢出菌脓，有臭味…………细菌病害

　　c.蔬菜感病后畸形、丛簇、矮化、花叶皱缩等，并有传染扩散现象……………………………………………………………………病毒病害

（2）有害昆虫如蚜虫、棉铃虫等啃食、刺吸、咀嚼蔬菜引起的植株非正常生长和伤害现象。无病原物，有虫体或排泄物可见………虫害

（3）受不良生长环境限制以及天气、种植习惯、管理不当等因素影响，蔬菜局部或整株，或成片发生的生长异常现象，无虫体、病原物可见……………………………………………生理性病害

①因过量施用农药或误施、飘移、残留等因素导致蔬菜生长异常、枯死、畸形现象……………………………………………药害

a.因施用含有对蔬菜花、果实有刺激作用成分的杀菌剂造成的落花落果以及过量药剂所产生的植株及叶片的异形现象………杀菌剂药害

b.因过量和多种杀虫剂混配喷施蔬菜所产生的烧叶、白斑等现象……………………………………………………………杀虫剂药害

c.超量使用除草剂造成土壤残留，下茬受害黄化、抑制生长等现象，以及喷施除草剂飘移造成的近邻蔬菜畸形现象…………除草剂药害

d.因喷药时气温不适，药剂浓度的过高或过量造成植株异形、畸形果、裂果、僵化叶等现象…………………植物生长调节剂药害

②因偏施化肥造成土壤盐渍化，或缺素造成的植株烧灼、枯萎、黄叶、化果等现象……………………………………………肥害

a.施肥不足，脱肥，或过量施入单一肥料造成某些元素固定，致使植株不易吸收而表现黄化等现象……………………………缺素症

b.过量施入某种化肥或微肥，或环境污染造成的某种元素中毒………………………………………………………………………中毒症

③因气候不适、突发性自然灾害造成的危害　…………天气灾害
a.冬季持续低温对蔬菜生长造成的低温障碍…………………寒害
b.突然降温、霜冻造成的危害……………………………………冻害
c.持续高温对不耐热蔬菜造成的高温障碍……………………热害
d.阴雨放晴后的超高温强光下枝叶灼伤……………灼（烫）伤
e.暴雨、水灾植株泡淹造成的危害……………………………淹害

二、西葫芦、南瓜病害典型与非典型、疑似症状的诊断与救治

许多瓜农告诉我们，在种植中发生的病害症状并不是很典型，待症状典型了，救治已经非常被动了，损失已经无法挽回了。瓜农往往在发病初期的病症甄别上举棋不定，用药上就会许多药掺和在一起喷，以求多效广防保住苗秧。常常是事与愿违，花钱多效果差。如果掌握了识别病症的技巧，辨别病害种类，就会变被动防治为针对性系统性防控，既争取了时间，又节省了成本。下面介绍西葫芦、南瓜主要病害的典型、非典型及疑似病症的诊断与救治方法。

猝 倒 病

【典型症状】猝倒病是发生在西葫芦、南瓜苗期的主要病害。幼苗感病后在接触土壤表层的茎基部呈水渍状软腐并倒伏，即猝倒，如图16。潮湿环境下，初感病幼苗根部呈暗绿色，感病部位逐渐缢缩并长出稀疏白色霉状物，如图17，病苗折倒坏死。染病后期，茎基部变成黄褐色，如图18，

图16　感病幼苗在接触表层土壤处呈水渍状软腐并倒伏

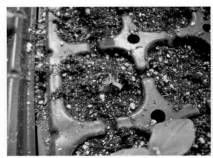

图17　染病瓜苗暗绿色病部长出稀疏白色霉状物

图18　重症猝倒病后期茎基部呈黄褐色

干燥环境下染病茎干枯成线状。

【非典型症状】病苗表现不是折倒，而是从根部倒伏，如图19，拔出根部见褐色水渍状烂根。应该属于高湿环境下土壤带菌感染所致。

【疑似症状】

1.病苗萎蔫倒伏，疑似猝倒病，如图20。拔出病苗可以发现，秧苗根局部有凹陷黄褐色病斑，不折倒，应该考虑是立枯病所致。

2.周围秧苗出苗正常，唯有

图19　非典型猝倒病的黄褐色水渍状烂根

一株出苗后脱水性倒伏，如图21，拔出病苗可见其根有被啃食处，应与地下害虫为害有关。

图20　疑似猝倒病的西葫芦立枯病瓜苗

图21　疑似猝倒病的地下害虫为害造成的幼苗脱水性倒伏

3.病苗萎蔫倒伏，疑似猝倒病。但根部和茎秆没有水渍状病斑和霉层，如图22。拔出病苗可见秧苗与土壤接触部位有缢缩凹陷褐色病斑，应该考虑补充肥水浓度过大烧灼所致。

【发病原因】病菌主要以卵孢子在土壤表层越冬，条件适宜时产生

图22　疑似猝倒病的水肥浓度过大烧灼性缢缩

孢子囊释放出游动孢子侵染幼苗，通过雨水、浇水和病土传播，带菌肥料也可传病。低温高湿条件下容易发病，土温10～13℃，气温15～16℃病害易流行发生。播种、移栽或苗期浇大水，又遇连阴天低温环境发病重。

【救治方法】

选种优良品种：选用耐低温、耐弱光性好的抗病品种，如冬玉西葫芦、法拉利等较抗病的西葫芦品种。

生物防治：清园，切断越冬菌源。在传统蔬菜种植基地，西葫芦育苗仍采用自育苗方式，即用异地大田土（警惕玉米田土中除草剂残留！）和腐熟的有机肥配制育苗营养土，如图23。建议严格控制化肥用量，避免烧苗。最好采用穴盘育苗。合理密植、控制湿度、浇水是关键。苗床土注意消毒及药剂处理。

图23　配入药土后的备播营养土

药剂救治：①种子药剂包衣：可选6.25%咯菌腈·精甲霜灵悬浮剂10毫升对150～200毫升水包衣3千克种子，可有效预防苗期猝倒病和立枯病、炭疽病等苗期病害。

②药剂处理土壤：取大田土与腐熟的有机肥按6∶4混匀，并按每立方米苗床土加入68%精甲霜灵·锰锌水分散粒剂100克和2.5%咯菌腈悬浮剂100毫升的比例拌土后过筛混匀；或用10亿个芽孢/克枯草芽孢杆菌NCD-2可湿性粉剂500克混入上述营养土中，如图24。在包衣种子播种覆土，后用68%精甲霜灵·锰锌水分散粒剂500倍液，或6.25%咯菌腈·精甲霜灵悬浮剂20毫升对水15升进行土壤封闭。可以有效杀灭土壤表面残存的病菌。

药剂淋灌：救治可选择10亿个芽孢/克枯草芽孢杆菌NCD-2可湿性

粉剂200倍液淋灌秧苗，或用68%精甲霜灵·锰锌水分散粒剂（金雷）500～600倍液（折合每100克药对3～4喷雾器水），或44%精甲霜灵·百菌清悬浮剂400倍液、62.75%氟吡菌胺·霜霉威水剂（银法利）1 000倍液、72.2%霜霉威水剂（普力克）800倍液等对秧苗进行淋灌或喷淋。

图24　过筛药剂处理的营养土

红 粉 病

【典型症状】红粉病主要发生在苗期。发病初期，子叶产生水渍状黄褐色病斑，如图25。随着病斑扩展，形成椭圆形或不太规则的黑褐色坏死斑，如图26。造成子叶畸形，形成弱苗。

图25　产生水渍状黄褐色病斑的西葫芦子叶

图26　重症红粉病呈黑褐色坏死斑的瓜苗

【发病原因】病菌随种子传带，也可以随病残体在土壤中越冬。随种子萌发开始侵染，通过雨水、浇水或农事操作、昆虫携带等传播。弱苗和种子没有进行灭菌处理的发病重。

【救治方法】

生物防治：严禁使用多年栽培西葫芦的连茬土育苗。应异地取大田土（注意：要充分考虑玉米田是否使用过除草剂，以免药剂残留对瓜秧造成药害），加上充分腐熟好的无虫的有机肥，以6∶4的比例混合均匀。

保护地栽培覆盖地膜，冬春可以增温、降湿，阻止病菌侵染幼苗，净化生长环境。

保持棚室里清洁，及时烧毁残留在棚里和棚外拉秧后的残留物。

药剂防治：土壤表面药剂处理。每立方米过筛后的细土加入2.5%咯菌腈悬浮剂100毫升、68%精甲霜灵·锰锌水分散粒剂100克，拌均匀并过筛。将配制好的药土撒在育苗床上或定植后的沟畦里，如图27。

图27　定植前后杀菌药剂撒施于沟垄畦面，封杀土壤表面残留菌

种子消毒：用75%百菌清可湿性粉剂500倍液浸种1小时；或用6.25%精甲霜灵·咯菌腈悬浮剂10毫升，对水150～200毫升包衣3千克种子，可有效预防苗期红粉病以及猝倒病、炭疽病等苗期病害。

因为红粉病发生在苗期，幼苗不耐药力，喷施用药需要谨慎，采用生物农药比较安全。可选用10亿个芽孢/克枯草芽孢杆菌可湿性粉剂200倍液喷施或淋喷，效果好。也可选用75%百菌清可湿性粉剂600倍液喷施预防，或选用10%苯醚甲环唑水分散粒剂800倍液、32.5%苯醚甲环唑·嘧菌酯悬浮剂2 000倍液、50%咯菌腈水分散粒剂4 000倍液、30%氟菌唑可湿性粉剂4 000倍液、32.5%吡唑萘菌胺·嘧菌酯悬浮剂1 000～1 500倍液、42.8%氟吡菌酰胺·肟菌酯悬浮剂1 500倍液等喷雾。

病　毒　病

病毒病是西葫芦的重要病害，近些年有上升趋势。这与西葫芦周年生产，以及传毒媒介在棚室安全越冬使数量急剧增加有关。北方种植的西葫芦一般春季发病较轻，秋季发病较重。这与北方昆虫为害特点有着密切的关系。但是在露地栽培、秋延后保护地栽培中，西葫芦病毒病和南瓜病毒病可以与黄瓜、甜瓜、冬瓜、苦瓜等瓜类作物病毒病交叉感染。因此，防治传毒媒介仍是防治病毒病的重中之重。

【典型症状】西葫芦病毒病的感病症状主要有花叶、皱缩花叶和黄化以及复合显症。发病初期，叶脉稍透明，叶色深浅不一，形成花叶，如图28；也有的叶片出现褐色针状斑点，如图29；黄化皱缩型病毒病，初期植株中上部叶片叶肉先开始褪绿，如图30；皱缩斑驳花叶是西葫芦、南瓜病毒病典型症状之一，如图31；重症时整株叶片黄化，如图32；生长受到抑制，植株矮化，如图33；感染病毒的幼瓜呈疙瘩状畸形，如图34；直到成熟疙瘩凸起更加明显，如图35。南瓜感病毒病初期也是叶片深浅不一的斑驳花叶，如图36。中度感病时叶片皱缩不平、较小、张开度受抑制，如图37，植株生长缓慢严重矮化。南瓜幼瓜感病瓜面凹凸不平的凸起更加突出，如图38；生成没有商品意义的畸形瓜，如图39；且着色不均，形成花皮疙瘩瓜，如图40；有些感病植株的症状为复合发生，一株多症的现象很普遍，如图41。

图28 叶脉稍透明，叶色深浅不一的花叶症

图29 产生褐色针状斑点的病毒病叶片

图30 西葫芦染病毒叶片开始褪绿黄化皱缩

图31 南瓜典型的皱缩斑驳花叶症

图32　重症病毒病植株叶片黄化

图33　重症病株叶片黄化、植株矮化

图34　感病毒幼瓜呈疙瘩状畸形

图35　成熟瓜疙瘩凸起更加明显

图36　南瓜感病毒病叶片初期呈深浅不一的斑驳花叶

图37　中度感病叶片皱缩、开张度受抑制

图38 南瓜感病瓜面生有凹凸不平的凸起

图39 没有商品意义的畸形西葫芦

图40 着色不均的花皮疙瘩栗南瓜

图41 复合症状的感病毒病的西葫芦植株

【非典型症状】叶片没有典型的皱缩，只是稍有叶色不均匀的点片状花斑，如图42，查看其他叶片，才能看出花叶的异常。判断为因品种特点导致症状不典型。

【疑似症状】在生产中我们会遇到非常多的症状类似病毒病的药害植株，也是菜农经常误诊导致错用农药的误区。

1. 叶片黄化褪绿症。图43为脱肥缺氮造成的叶片黄化，常误诊为西葫芦病毒病。在区别此类病症时首先查看上部枝叶与下部

图42 非典型点片状花叶病毒症

图43　疑似黄化病毒症的脱肥缺氮造成的叶片黄化

的是否一致，整个植株长势是否与周围植株相同，有没有矮化现象。病毒病的发生是零星单棵不会成片。而脱肥症则是先从植株中下位置开始，发生区域是连片整畦，这些症状的发生往往与西葫芦生长过快有关。有时也可能与浇水冲施肥遇高温有害气体熏蒸有关。

2.西葫芦、南瓜叶片表面无凹凸，不畸形，但叶片上有大小不一的浅黄色斑点，如图44。观察叶片、植株均没有花叶和矮化现象，生长正常，看似病毒症，但是翻看叶片背面会见到群居为害的刺吸害虫白粉虱。

3.叶片生长正常，但叶面凹凸并有微小点状白色小斑点，如图45，斑点干燥后变白色。查看叶背面可以见到许多红蜘蛛在叶背面吸食。

图44　白粉虱刺吸为害导致南瓜叶片产生浅黄色斑点

图45　疑似皱缩病毒症的红蜘蛛为害叶片呈白色斑点皱缩

4.叶片细长变厚，叶肉细胞生长受抑制，叶脉生长正常致使叶片呈爪状，如图46。瓜农施用植物生长调节剂保花时常常盲目加大用药量，忽略了药剂过量或药液滴溅刺激植株局部组织会产生刺激或抑制作用，往往在喷施保花药的过程中将药液滴落到幼嫩的生长点和幼叶上，刺激或抑制叶肉细胞的生长导致畸形症状。图46为疑似病毒病的爪状叶。

【发病原因】病毒是不能在病残体上越冬的，只能靠冬季生存、种植的蔬菜、多年生杂草、种株作寄主存活越冬。来年依靠蚜虫传毒和接触摩擦及伤口传播，通过整枝打杈等农事活动传染。蚜虫取食传播，是病害发展蔓延的主要传毒渠道。高温干旱有利于蚜虫繁殖和传毒，导致病毒病发生。管理粗放，忽干忽湿，田间杂草丛生的地块发病重。因此，铲除传毒媒介是防治病毒病非常关键的环节。

图46　疑似病毒病的蘸花药液造成的爪状叶

【救治方法】

生态防治：

（1）彻底铲除田间杂草和周围越冬存活的蔬菜老根，种植地块尽量远离十字花科蔬菜制种田。

（2）引种选用较抗病或耐病品种，如京红、京密系列的栗南瓜，法拉利西葫芦等品种。

（3）增施有机肥，培育大龄苗、粗壮苗，加强中耕，及时灭蚜，增强植株自身的抗病毒能力是关键。

（4）利用蚜虫的趋避特性，设置黄板诱杀蚜虫，如图47；或采用银灰膜避蚜。

图47　种植西葫芦的大棚内设置黄板诱杀蚜虫

图48 加"两网一膜"的育苗棚

（5）秋延后棚室种植，除要适当晚播避开蚜虫迁飞期外，最好在育苗时加防虫网，采用"两网一膜"（即防虫网、遮阳网、棚膜）来降低棚温和阻隔蚜虫、白粉虱、蓟马迁入棚内，如图48，加防虫网是蔬菜棚室最有效阻断传毒媒介的措施。没有条件的可采用小拱棚防虫网。

对于暴发性发生的烟粉虱、蚜虫，建议采用绿色综合防控方案防控，即"一蘸、一喷、一挂"的方法。

一蘸：定植前用35%噻虫嗪悬浮剂（锐胜）20毫升+6.25%精甲霜灵·咯菌腈悬浮剂（亮盾）20毫升对水15升，蘸根5～8分钟，如图49，然后定植下地。

一喷：喷施复合精油100倍液，均匀喷雾到植物叶片的正反面和其他部位。其原理是均匀喷到虫体上后，油液覆盖虫体使其窒息死亡，防控率在90%以上。

一挂：设置防虫网和吊挂诱杀黄板，诱杀残余虫。

图49 药剂蘸根

【药剂防治】

（1）种子处理：用10%磷酸三钠浸种30分钟，而后清水冲洗催芽播种。

（2）灌根：在移栽前2～3天，用25%噻虫嗪可分散粒剂（阿克泰）1 000倍液，或35%噻虫嗪悬浮剂（锐胜）2 000倍液、30%噻虫嗪·氯虫苯甲酰胺悬浮剂3 000倍液喷淋幼苗，使药液除喷叶片以外还要渗透到土壤中。平均每平方米苗床喷药液2千克左右，或2克药对1喷雾器水喷淋100株幼苗，做定植前的一次性长持效期防治，持效期可长达25～30天，如图50。有很好的治虫预防病毒病作用。

（3）喷施：可选用22.4%高效氯氟氰菊酯·噻虫嗪微囊悬浮-悬

浮剂2 000倍液，或30％噻虫
嗪·氯虫苯甲酰胺悬浮剂3 000
倍液、25％噻虫嗪水分散粒剂
2 500～5 000倍液、10％吡虫啉
可湿性粉剂1 000倍液、2.5％高
效氯氟氰菊酯水剂（绿色功夫）
1 500倍液、10％溴氰虫酰胺可分
散油悬浮剂2 000倍液喷施。苗期
可选用20％吗胍·乙酸铜可湿性

图50　喷壶浇灌用药方式

粉剂500倍液，或10％吗啉胍可湿性粉剂400倍液、1.5％烷醇·硫酸铜
乳油1 000倍液、30％菇类蛋白多糖可湿性粉剂400倍液等喷施，有一
定的抑制病毒作用。

银　叶　病

【典型症状】银叶病是一种症状特殊的病毒病，主要表现是西葫芦
叶片正面像涂有一层银灰色膜，如图51。重度发生时，整个植株的所
有叶片均呈现银灰色斑，有光泽。感病叶片较厚重，叶柄细长，植株僵
硬，抑制生长，不易结瓜，如图52。

图51　像涂一层银灰色膜的西葫芦染
　　　病叶片

图52　叶柄细长、植株僵硬、
　　　生长差的西葫芦植株

【发病原因】银叶病是由病毒引起的病害，传毒媒介是B型烟粉虱。因此，在烟粉虱大发生的夏秋季节，也是西葫芦银叶病的多发季节。发生轻时还可以有一些收获，重时则会造成惨重损失。不同西葫芦品种抗性不同，早青一代、彩色西葫芦以及引进的一些品种多不抗此病。

【救治方法】

物理防治：设施栽培，棚室应设置40目＊的防虫网覆盖，阻隔烟粉虱，如图53；设置黄板诱杀烟粉虱，如图54。

图53　棚室设置防虫网阻隔烟粉虱

图54　设置黄板的西葫芦大棚

生态防治：清洁田园，铲除西葫芦地块周围的所有烟粉虱的野生寄主，如双子叶杂草藜等。

药剂防治：穴灌施药法（灌窝、灌根）。用强内吸杀虫剂25%噻虫嗪水分散粒剂1 500 ～ 2 500倍液（1喷雾器水加12克药），或24.7%高效氯氟氰菊酯·噻虫嗪微囊悬浮-悬浮剂2 000倍液，在夏秋季移栽前2 ～ 3天，喷淋幼苗，使药液除叶片以外还要渗透到土壤中。这种方法的防虫持效期可达20 ～ 30天，有很好的防治粉虱和蚜虫的效果，可以有效预防粉虱和蚜虫等媒介传播病毒病。

此外，可选用22.4%高效氯氟氰菊酯·噻虫嗪微胶囊悬浮-悬浮剂2 000倍液，或30%噻虫嗪·氯虫苯甲酰胺悬浮剂3 000倍液、25%噻虫嗪水分散粒剂2 500 ～ 3 000倍液、10%吡虫啉可湿性粉剂1 000倍液、

＊　目为非法定计量单位，40目网孔径尺寸为0.425毫米。

2.5%高效氯氟氰菊酯水剂（绿色功夫）1 500倍液、10%溴氰虫酰胺可分散油悬浮剂2 000倍液灭虱。

苗期可选用20%吗胍·乙酸铜可湿性粉剂400倍液，或5%氨基寡糖素可湿性粉剂300倍液、20%吗啉胍可湿性粉剂400倍液、1.5%烷醇·硫酸铜乳油800倍液、30%菇类蛋白多糖可湿性粉剂400倍液等喷施，有一定的抑制病毒病作用。

灰 霉 病

【典型症状】灰霉病主要为害幼瓜和叶片。感染西葫芦、南瓜叶片，病菌先从叶片边缘侵染，呈小型的V形斑或叶缘呈褪绿褐色病斑，如图55；病斑逐渐向叶片深度扩展，形成轮纹状的大型病斑，叶表有浅灰色霉层，如图56。感染花、果，病菌从开花后的雌花花瓣侵入，花瓣腐烂，如图57；果蒂顶端开始发病，向内扩展，致使幼瓜呈灰白色软腐，病部凹陷，如图58；感病后期，长出大量灰绿色霉层，如图59。

图55 初感染灰霉病的西葫芦叶片

图56 灰霉病发病叶片的褪绿褐色病斑和霉层

图57 瓜蒂感病花瓣腐烂的幼瓜

图58　呈灰白色软腐，病部凹陷状的幼瓜

图59　长出大量灰绿色霉层的病瓜

【非典型症状】病斑不发生在叶缘，而是在叶片易流雾滴、露水的弯曲处呈褐色晕圈，病斑中间灰白色，如图60；病斑逐渐向深度扩展，形成轮纹状的大型病斑，叶表有浅灰色霉层，如图61。这是因叶片所处位置决定了叶片感病位置。深冬季节瓜类叶片感染灰霉病常常从首先接触雾水的部位开始，此症也应该按照灰霉病进行防治。

图60　呈不规则褐色晕圈，中间为灰白色病斑的西葫芦病叶

图61　非典型灰霉病病叶上的灰白色病斑

【发病原因】灰霉病菌以菌核或菌丝体、分生孢子在土壤内及病残体上越冬。病原菌属于弱寄生菌，从伤口、衰老的器官和花器侵入。柱头是非常容易感病的部位，致使果实感病软腐。花期是灰霉病侵染高峰期。病菌借气流、浇水传播和农事操作传带进行再侵染。适宜发病气温为22～25℃、湿度为90%以上，即低温高湿、弱光有利于发病。大水

漫灌又遇连阴天是诱发灰霉病的最主要因素。种植密度过大、棚室通风不及时、生长衰弱均利于灰霉病的发生和扩散。

【救治方法】

生态防治：棚室要高畦覆地膜栽培，膜下滴灌或微喷渗浇小水，如图62。有条件的可以考虑采用滴灌措施，节水控湿。加强通风透光，尤其是阴天除要注意保温外，应严格控制灌水，严防过量。早春将上午放风改为清晨短时间放湿气，清晨尽可能早的放掉棚室里的雾气，方法是：尽可能大的拉开棚膜风口，人不要走开，待棚里雾气快速排清时，迅速合上风口从而加快提温有利于西葫芦、南瓜生长。及时清理病残体，摘除病果、病叶和侧枝，集中烧毁

图62　高垄栽培膜下浇水的西葫芦种植模式

和深埋病枝蔓。注意不要在阴雨天气进行捆绑枝蔓等操作。*合理密植、高垄栽培、控制湿度是关键*。氮、磷、钾均衡施用，育苗时苗床土应进行消毒处理。

药剂救治：西葫芦、南瓜灰霉病是花期侵染。冬季生产中，常有菜农进行药剂喷花防控灰霉病，这对早期防控灰霉病非常重要，方法是：用2.5%咯菌腈悬浮剂10毫升对水1 500毫升，或用6.25%精甲霜灵·咯菌腈10毫升对水1 200毫升等进行喷花，如图63，使花器均匀着药。也可单一用吡效隆保花每袋药对水1～1.2升，充分摇匀后直接喷花或蘸花。幼瓜膨大期，可以配合植株再对幼瓜瓜头染灰霉病重点部位进行绝杀喷雾。

建议采用西葫芦、南瓜一生整体保健性病害防控方案（见第七部分），即西葫芦、南瓜一生病

图63　药剂喷花救治模式

害防治大处方进行整体预防。具体操作见第七部分。

防控西葫芦灰霉病，因西葫芦的敏感问题，不提倡使用嘧霉胺类药剂。可采用90％咯菌腈可湿性粉剂（卉友）3 000倍液，或50％啶酰菌胺可湿性粉剂（凯泽）1 000倍液对幼瓜进行重点喷雾。单独防治灰霉病时，可选用25％嘧菌酯悬浮剂1 500倍液＋90％咯菌腈可湿性粉剂5 000倍液喷施预防；重度发生时摘除病瓜后，对所有植株和茎叶用50％啶酰菌胺可湿性粉剂1 000倍液，或62％咯菌腈·嘧霉环胺水分散粒剂3 000倍液、50％乙烯菌核利干悬浮剂1 000倍液、50％多菌灵·乙霉威可湿性粉剂800倍液等喷雾。

炭　疽　病

【典型症状】西葫芦、南瓜整个生育期均可感染炭疽病。病菌侵染叶片、幼瓜、茎蔓。初染病叶片典型症状为黄褐色圆形病斑，如图64、图65；后期病斑逐渐凹陷有轮纹，伴有穿孔现象，如图66。茎蔓感病，呈现黑褐色凹陷病斑，如图67。幼瓜感病，病部裂开有粉红色黏稠物溢出；病果初为褪绿色水渍状凹陷斑点，而后变成褐色，斑点中间淡灰色，有近圆形轮纹斑，重症后期病瓜感病处黑褐色干枯，如图68。

【非典型症状】叶片感病，病斑呈现不规则小型病斑。仔细观察发现，病斑凹陷，有晕圈，病斑中心浅灰色，这些均符合炭疽病症状。如图69是在温湿度差异较大的环境下初染病的叶片。这些症状虽不典型，

图64　初感炭疽病的病叶

图65　呈圆形黄褐色病斑的西葫芦叶片

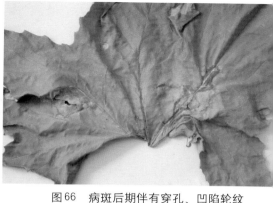

图66 病斑后期伴有穿孔、凹陷轮纹

图67 茎蔓感病呈现黑褐色凹陷梭形斑

图68 重症病瓜病斑凹陷黑褐色干枯

图69 非典型炭疽病病叶

但可初步诊断为炭疽病。定植后干湿不均环境下幼苗发病，南瓜子叶病斑为黑色大面积凹陷，如图70，干燥后细看还有轮纹。

【疑似症状】子叶病斑初为浅灰色，而后为水渍状黑褐色晕圈圆斑，比炭疽病病斑颜色略浅。感染面积稍大，病斑颜色一直呈浅灰褪绿色，如图71。

图70 非典型炭疽病子叶黑斑凹陷

图71 疑似炭疽病的褐斑病病叶

【发病原因】病菌以菌丝体或拟菌核随病残体、种子越冬，借雨水传播。发病适宜温度为27℃，湿度越大发病越重。棚室温度高、多雨或浇大水、排水不良、种植密度大、氮肥过量的生长环境下病害易流行发生。植株生长衰弱发病严重。一般春季保护地种植后期发病概率高、流行速度快，管理粗放也是病害流行的重要因素，应引起高度重视，提早预防。

【救治方法】

生态防治：

（1）选用抗病品种。选用抗病品种是既防病又节约生产成本的好办法。抗病品种有玉莹、葫玉、法拉利等。

（2）轮作倒茬。重病地块可以与茄科或豆科蔬菜进行2～3年的轮作。

（3）种子包衣。用6.25%精甲霜灵·咯菌腈悬浮种衣剂10毫升，对水150～200毫升可包衣4千克种子。

（4）温汤浸种。用55～60℃恒温浸种15分钟，杀菌效果良好。

（5）苗床土消毒。苗床土消毒配方参照猝倒病救治方法中苗床土消毒方法。

（6）加强棚室管理。通风放湿气。设施栽培建议采用地膜覆盖或滴灌降低棚室湿度，减少发病机会。避免阴天整枝、打杈、采收等农事操作，规避人为传染病害风险。

药剂防治：建议采用西葫芦、南瓜一生整体保健性病害防控方案（见第七部分），即西葫芦、南瓜一生病害防治大处方进行整体预防。

预防病害可选用56%百菌清·嘧菌酯悬浮剂800倍液，或32.5%苯醚甲环唑·嘧菌酯悬浮剂1 000倍液、32.5%吡唑萘菌胺·嘧菌酯悬浮剂1 000～1 500倍液、10%苯醚甲环唑水分散粒剂1 000倍液、80%代森锰锌可湿性粉剂600倍液、70%甲基硫菌灵可湿性粉剂500倍液、70%代森锌干悬浮剂600倍液、25%吡唑醚菌酯乳油1 500倍液，10天防治一次。

药剂浸种，用75%百菌清可湿性粉剂500倍液浸种30分钟后冲洗干净催芽播种。

白　粉　病

【典型症状】西葫芦、南瓜全生育期均可感染白粉病。病菌主要感染叶片，如图72。发病重时感染叶柄、枝干、茎蔓，如图73、图74、

图72　典型的白粉病病叶

图73　西葫芦叶柄发病

图74　西葫芦枝干发病

图75　西葫芦茎蔓发病

图76　发病初期叶片长有稀疏白色霉层

图75。发病初期，主要在叶面长有稀疏白色霉层，如图76，逐渐叶面霉层变厚形成白色圆斑，如图77。染病从下部叶片开始，逐渐向上发展，如图78。严重感染后叶片普遍发病，发病后期感病部位白色霉层转为灰褐色，如图79，叶片发黄坏死，如图80。

图77　白粉病逐渐发展形成白色圆斑　　　　图78　病株下部发病叶片

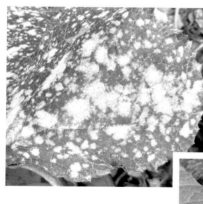

图79　西葫芦白粉病叶片灰褐色斑

图80　南瓜白粉病叶片发黄坏死状

无公害蔬菜病虫害防治实战丛书

【疑似症状】叶片生长正常，叶表面有块状不规则白斑，如图77。查看田间植株，整体生长旺盛，叶片虽有不规则白斑，但是并没有霉层。这是西葫芦品种特有的性状，多为引进的欧美西葫芦品种的表现，不是白粉病，如图81、图82。

图81　疑似白粉病的引进西葫芦品种玉莹

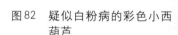

图82　疑似白粉病的彩色小西葫芦

【发病原因】病菌以闭囊壳随病残体在土壤中越冬，也可在棚室内作物上越冬。借气流、雨水和浇水传播。温暖潮湿、干燥无常的种植环境，阴雨天气及密植、窝风环境易发病和流行。大水漫灌、湿度大、肥力不足、植株生长后期衰弱发病严重。

【救治方法】

生态防治：

（1）种植抗病品种。选种抗白粉病的优良品种，主要品种有玉莹、法拉利等。

（2）加强田间管理。适当增施生物菌肥，如生物钾肥、螯合氨基酸营养液；降低田间湿度，增强通风透光。

收获后及时清除病残体，并进行土壤消毒。棚室应及时进行硫黄熏蒸灭菌和地表药剂处理。

药剂防治：建议采用西葫芦、南瓜一生整体保健性病害防控方案（见第七部分），即西葫芦、南瓜一生病害防治大处方进行整体预防。在整个生育期内按步骤主动进行总体防控，尤其是早期根施嘧菌酯，对整个生育期的白粉病防控非常有益。

可选用32.5%吡唑萘菌胺·嘧菌酯悬浮剂1 500倍液，或56%百菌清·嘧菌酯悬浮剂800倍液、32.5%苯醚甲环唑·嘧菌酯悬浮剂1 000倍液、42.4%氟吡菌酰胺·肟菌酯悬浮剂1 500倍液、42.2%氟唑菌酰胺·吡唑醚菌酯悬浮剂2 000倍液、10%苯醚甲环唑水分散粒剂800倍液、25%嘧菌酯悬浮剂1 500倍液、70%代森锌干悬浮剂600倍液。中后期重度染病可喷施30%嘧菌酯·丙环唑3 000倍液，或30%苯醚甲环唑·丙环唑乳油3 000倍液等。

疫　病

【典型症状】西葫芦、南瓜的茎蔓、果实、叶片都能感染疫病。叶片染病，育苗期子叶染病呈水渍状浅褐色圆斑，如图83；如遇高湿、大温差环境条件，叶片会产生跨叶脉不定形或圆形水渍状暗绿色大块病斑，如图84。定植后叶片染病，先产生阴湿状褐色圆形病斑，如图85，叶背病斑则为圆形、阴湿半透明状，如图86。幼瓜染病，大多从果蒂开始，如图87，感病后期病部表面长出少量稀疏白色霉层，如图88。棚

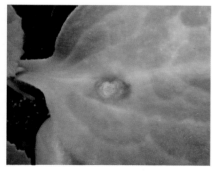

图83　子叶上的水渍状浅褐色圆斑

图84　子叶上的水渍状暗绿色大块疫病病斑

图85 定植后病叶上的阴湿状褐色圆形病斑

图86 叶背面的阴湿半透明圆形斑

图87 幼瓜从果蒂处开始发病状

图88 感染疫病的病瓜长出白色霉层

室或天气潮湿时，叶片染病从叶边缘开始，初期有不定形水渍状暗绿色或黄绿色病斑，后期呈暗褐色大块病斑。遇到疫病大发生流行时，会遭到毁灭性绝收。

【疑似症状】病斑从叶边缘开始发生，初期为不定形暗绿色或黄绿色，后期呈暗褐色大块病斑，如图89。这种症状虽然与疫病不定形大块病斑相似，但病斑颜色较疫病暗绿色的特点不同是没有水渍状、没有霉状物，调查近期追肥或冲施肥记录和高温情况后，诊断为肥害所致。

图89　疑似疫病的冲施肥害干枯叶片

【发病原因】病菌主要以卵孢子、厚垣孢子在病残体或土壤中越冬，在西葫芦、南瓜可以安全越冬栽培的地方，病菌可以周年侵染，借助雨水、灌溉水传播。发病适宜温度为25～30℃，相对湿度高于85%时极易发病。保护地棚室内空气湿度越大、浇水过量，叶面有水珠或露水是病菌萌发游动侵入的有利条件。定植过密，通风、透光性差，排水不良，积水地块发病重，病害流行快。

【救治方法】疫病是流行性病害。通常持续1～2天的雨放晴后，染病植株迅速增多，发病加重，甚至会毁于一旦。按照传统的防治理念，发现中心病株后立即全面喷药，并及时清除病叶带出棚外处理。但是病害有潜伏期，当生产中发现中心株时实际已经有成片或大面积植株已经在感病潜伏期了，这个时候再谈预防为时已晚。什么时间预防最好呢？我们提倡采用西葫芦、南瓜一生整体保健性病害防控方案（见第七部分），即西葫芦、南瓜一生病害防治大处方进行整体预防。从种子和土壤入手，保障植株一生中没有病虫害侵扰和健壮生长。早期的按规律进行健康防病保护，让病菌没有侵染机会，把握生长技术节点，关键时期重点防护的绿色防控新概念新做法，已经让我们身边的千万菜农受益。

选用抗病品种：较抗疫病的品种有冬玉、玉莹、京莹、京葫5号等。

生物防治：清园，清除越冬病残体组织，切断菌源；合理密植，高垄栽培，注意排水，控制湿度是关键。设施栽培的西葫芦、南瓜，应采用膜下渗浇小水或滴灌，既节水又保温，还有利于降低棚室湿度。清晨尽可能早的放风，即放湿气，尽快进行湿度置换，增加通风透光。多施有机肥，氮、磷、钾均衡施用，生物钾肥与腐殖酸轮换施用以期增加植株对各种元素的有效吸收和均衡生长。育苗时苗床土应做消毒处理。

药剂救治：定植成活10天后，每667米²用25%嘧菌酯悬浮剂60毫升，稀释成6喷雾器药液，即每喷雾器10毫升药对16升水（1喷雾器水＝16升），淋灌秧苗。随水滴灌用量是每667米²100毫升。这样西葫芦、南瓜植株有一个基本健康生长的防病基础。发病前预防可采用75%百菌清可湿性粉剂600倍液，或56%百菌清·嘧菌酯悬浮剂1 000倍液、25%嘧菌酯悬浮剂1 500倍液、25%双炔酰菌胺悬浮剂1 200倍液、44%精甲霜灵·百菌清悬浮剂500倍液进行根灌施药。发病初期，选用25%嘧菌酯悬浮剂1 500倍液与68%精甲霜灵·锰锌700倍液混施，或25%嘧菌酯悬浮剂2 000倍液与25%双炔酰菌胺悬浮剂1 200倍液混后灌根或喷施等。发病后期，要选用治疗剂，如68%精甲霜灵·锰锌水分散粒剂600倍液、62.75%氟吡菌胺·霜霉威水剂1 000倍液、72.2%霜霉威水剂1 000倍液、10%氟噻唑吡乙酮可分散油悬浮剂3 000倍液等。不管用哪一种药防治，均要喷施周到，使药液全部覆盖才可取得良好的效果。

菌 核 病

【典型症状】西葫芦、南瓜菌核病在重茬地、连作瓜区发生比新瓜区要严重。整个生长期均可以发病。盛瓜期发生较多，盛瓜期植株各个部位均有感病现象。叶片染病，长出灰白色至灰褐色水渍状大病斑，斑处会生出白色菌丝，如图90。主干染病，呈褐色水渍状凹陷，易裂蔓；茎秆染病，变褐缢缩，长出白色絮状菌丝，如图91，湿度大时皮

图90 菌核病病叶上的灰褐色水渍状病斑

层霉烂。幼瓜感病，多从瓜头软腐褐变，如图92，后期病部凹陷，病斑表面长出白色菌丝体，后形成菌核，如图93。

【疑似症状】叶片上生有水渍状褐色病斑，疑似菌核病感染初期，但是从软腐处流出菌脓并有异味，如图94，同时查看无菌丝，可排除菌核病，初步诊断为细菌病害，这也是真菌病害与细菌病害的区别。

图91　病变裂蔓长出白色絮状菌丝

图92　感病幼瓜瓜头软腐褐变

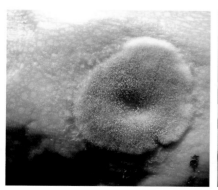

图93　病瓜后期病部凹陷，病斑表面长出白色菌丝

图94　疑似菌核病的软腐病初期西葫芦瓜蔓

【发病原因】病菌主要以菌核在田间或棚室中或混杂在种子里越冬。春天子囊孢子随气流、伤口、叶孔侵入，也可由萌发的子囊孢子芽管穿过叶片表皮细胞间隙直接侵入。适宜发病温度为16～20℃，湿度高

于85%以上有利于发病，早春低温潮湿、连阴天、多雾发病重。故西葫芦、南瓜菌核病发生在初瓜期或盛瓜期。

【救治方法】

生物防治：

（1）加强栽培管理。保护地栽培地膜覆盖，阻止病菌出土。根据病菌不耐干燥的特点，定植秧苗时可考虑带钵去钵底定植，或定植后苗秧周围用草木灰覆盖，或用稻壳、秸秆、麦秸等铺于地面，保持土壤表面干燥，如图95。棚室清晨尽早排湿、保温。摘除老叶，清理病残体净化生长环境。设施栽培和规模化种植的建议采用滴灌设施，既可以规避大水漫灌带来的病菌感染风险，又可以采用水肥药一体化模式进行统防统治，省工、省时、省力。

图95　土表覆盖草木灰保持干燥

（2）土壤表面药剂处理。每100千克土加入2.5%咯菌腈悬浮剂10毫升、68%精甲霜灵·锰锌水分散粒剂20克拌均匀后撒在育苗床上。

药剂救治：最好采用西葫芦、南瓜一生整体保健性病害防控方案（见第七部分），即西葫芦、南瓜一生病害防治大处方进行整体预防。这样做成本低，效益高。

可采用25%嘧菌酯悬浮剂1 500倍液，或32.5%吡唑萘菌胺·嘧菌酯悬浮剂1 200倍液、56%百菌清·嘧菌酯悬浮剂800倍液、50%咯菌腈可湿性粉剂3 000倍液、50%啶酰菌胺可湿性粉剂1 000倍液重点预防。防治时可选用25%嘧菌酯悬浮剂1 500倍液+50%咯菌腈可湿性粉剂5 000倍液喷施；重度发生时摘除病瓜后对所有植株和茎叶用50%啶酰菌胺可湿性粉剂1 000倍液，或62%咯菌腈·嘧霉环胺水分散粒剂3 000倍液、50%乙烯菌核利干悬浮剂1 000倍液、50%多菌灵·乙霉威可湿性粉剂800倍液等喷雾。

注意：防治西葫芦菌核病不建议使用嘧霉胺类药剂。

褐　斑　病

【典型症状】褐斑病生产中也有称叶斑病的，常发生在西葫芦、南瓜的生长中后期，主要为害叶片。染病初期，叶片呈水渍状深褐色小斑点，如图96，病斑中央呈浅褐色亮斑，如图97；逐渐扩展会有斑点连片，成不规则黑褐色斑块并伴有穿孔，如图98。感病叶片从植株下部开始，逐渐向上蔓延，如图99。重症褐斑病，病斑为紫红色轮纹和浅褐色中心斑点。病斑从下向上的发展顺序是诊断褐斑病的主要依据。

图96　初染褐斑病叶片呈水渍状深褐色斑点

图97　病斑中央呈浅褐色亮斑

图98　病斑连片形成不规则黑褐色大斑并伴有穿孔

图99　褐斑病病株下部发病叶片

【疑似症状】病斑初期呈浅褐色小斑点，扩大发展后呈不规则圆形或大椭圆形斑，如图100。虽然病斑也是褐色，但病斑没有褐色中心斑点，诊断为疑似褐斑病的疫病的早期症状。

图100　疑似褐斑病的疫病叶片

病斑有水渍状浅褐色圆形斑点，如图101，斑点中心阴湿伴有穿孔，与褐斑病的区别就是斑点颜色稍浅，和在阴湿状态下就有穿孔现象发

图101　疑似褐斑病的细菌性叶枯病叶片

三、西葫芦、南瓜病害典型与非典型、疑似症状的诊断与救治

无公害蔬菜病虫害防治实战丛书

生，诊断为南方多雨季节发生的细菌性叶枯病。

病斑浅褐色且大小不一，有白色病斑中心点，如图102，但是病斑周围有渐褪绿症状，叶肉皱缩，诊断为细菌性叶枯。

图102　疑似褐斑病的细菌性叶枯病

【发病原因】病菌以菌丝体或菌丝块随病残体越冬，病菌以分生孢子借风雨传播，从伤口或气孔侵入，高温高湿条件下发病严重。发病适宜温度为22～28℃。露地、设施栽培生长后期和雨季到来时有利于病害发生。

【救治方法】

生态防治：选用优良品种；清除病残体及落叶；适量浇水，雨后及时排水；育苗田土壤消毒，最大限度减少土壤带菌；移栽前药剂处理幼苗；用6.25%精甲霜灵·咯菌腈600倍液浸根5～10分钟或淋根，晾干后可定植。

药剂救治：建议采用西葫芦、南瓜整体保健性病害防控方案（见第七部分），即西葫芦、南瓜一生病害防治大处方进行整体预防。

防控采用25%嘧菌酯悬浮剂1 500倍液有非常好的效果，治疗可选用90％苯醚甲环唑乳油3 000倍液，或32.5％苯醚甲环唑·嘧菌酯悬浮剂1 000倍液、42.8％吡唑菌酰胺·嘧菌酯悬浮剂1 500倍液、42.8％氟吡菌酰胺·肟菌酯悬浮剂1 000倍液、75％百菌清可湿性粉剂600倍液、10％苯醚甲环唑水分散粒剂1 500倍液、56％百菌清·嘧菌酯800倍液、80％代森锰锌可湿性粉剂600倍液喷雾。

褐　腐　病

【典型症状】主要侵染花和幼瓜。病菌侵染花萼，造成变褐腐烂，如图103。幼瓜染病，从瓜蒂开始，向整个瓜体蔓延，初期呈水渍状褐色病变，棚室潮湿环境下，病变瓜蒂长出黑褐色霉菌，如图104；干燥环境下病瓜褐色干腐，如图105。南瓜幼瓜染病会迅速褐变，如图106；成熟瓜染病逐渐脱水干腐，如图107。染病后的西葫芦、南瓜没有任何商品价值，损失有时占2 ～ 3成。

图103　花萼染褐腐病的西葫芦

图104　潮湿环境下，病变瓜蒂长出黑褐色霉菌

图105　干燥环境下，病瓜褐色干腐

图106　南瓜幼瓜染病迅速褐变

【疑似症状】幼瓜褐腐，但不是从瓜蒂开始，而是从幼瓜瓜体中间褐变，如图108，剖开瓜后没有看到病菌侵染现象，只是瓜体表面有烧灼斑。问询瓜农打药历程，有使用劣质农药史，判断是大剂量农药喷施后的药害烧灼所致。应尽快摘除药害瓜，避免不必要的营养消耗和腐生菌侵染。

图107 南瓜成熟瓜染病脱水褐腐

图108 疑似褐腐病瓜的药害烧灼瓜

【发病原因】病菌以菌丝体或接合孢子随病残体在土壤中越冬。病菌腐生性强，由伤口和衰弱的植株体侵入，随气流、农事操作传播。湿度近于饱和的大温差环境有利于发病，早春棚室变温、潮湿环境及连阴天时、积水的地块发病重。故西葫芦、南瓜褐腐病多发生在盛瓜期。

【救治方法】

农业防治：与茄果类作物轮作、倒茬。及时摘除花后残败花。高垄栽培，对积水地块，定植前挖好排水沟。棚室瓜收获后必须进行高温闷棚，土壤杀菌。

药剂救治：建议开花时药剂蘸花防病，或开花后用药剂喷花防控。预防为主，移栽棚室缓苗后建议参考西葫芦、南瓜整体保健性病害防控方案（见第七部分）进行防控和微营养调控，保障西葫芦、南瓜的正常生长，避免后期褐腐病的发生。预防也可采用70%百菌清可湿性粉剂600倍液（每667米²100克药对4喷雾器水），或56%嘧菌酯·百菌清悬浮剂600倍液、25%嘧菌酯悬浮剂1 500倍液、80%代森锰锌可湿性粉剂500倍液喷施。发现中心病株后立即全面喷药，并及时清除病叶带出棚外烧毁。救治可选择68%精甲霜灵·锰锌水分散粒剂500～600倍液

（折合100克药对3～4喷雾器水），或60%烯酰吗啉可湿性粉剂600倍药液、72%霜脲·锰锌可湿性粉剂800倍液、70%烯酰吗啉可湿性粉剂600倍液、72.2%霜霉威水剂800倍液等喷施。

蔓 枯 病

【典型症状】主要为害茎蔓和叶片、叶柄。叶片发病，多从叶缘、叶柄基部开始长有不规则黑褐色坏死斑，如图109、图110。茎蔓染病，

图109　叶缘黑褐色不规则坏死斑

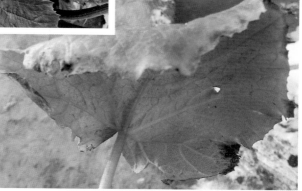

图110　叶缘黑褐色坏死斑

图111 染病茎节深绿色或灰白色纵裂坏死

多在茎节部位形成深绿色或灰白色不规则纵裂坏死斑，如图111。重度发病会迅速造成茎蔓缢折，如图112。生产中常因茎蔓枯竭而使植株萎蔫和死秧，如图113。

【发病原因】病菌附着在病残体上于土壤内或棚室内越冬，也可在种子表皮上越冬。通过浇水、气流或农事操作传播。病菌传播适宜温度为20～24℃，空气湿度85％以上、种植密度过大、通风

图112 重症蔓枯茎蔓缢折的植株

图113 染蔓枯病萎蔫的植株

不良容易发病。氮肥过量、补充生物菌肥不足或不均衡、大水漫灌、连作、平畦种植、排水不畅均利于病害发生。

【救治方法】

农业防治：轮作倒茬，与非葫芦科作物实行2～3年轮作倒茬。清洁田园，清除病残体和枯枝落叶。

合理施肥：底肥施足有机肥，增施磷、钾肥和硼、钙微肥。缓苗肥水建议只用腐殖酸或生物钾肥（根真多），尽早调理植株均衡营养元素的吸收和转化。

种子消毒：用55℃温水浸种30分钟或70℃干热灭菌48～72小时，或用6.25%精甲霜灵·咯菌腈悬浮剂500倍液浸种20分钟，晾干后催芽播种。

药剂防治：可用10%苯醚甲环唑水分散粒剂1 000倍液+47%春雷·王铜可湿性粉剂400倍液混均喷施，对真菌、细菌病原有统一消毒灭菌，或用80%代森锰锌可湿性粉剂600倍液、32.5%苯醚甲环唑·嘧菌酯悬浮剂2 000倍液、50%多菌灵可湿性粉剂500倍液，喷施或涂抹病茎。

细 菌 性 软 腐 病

【典型症状】软腐病是北方设施西葫芦种植中发生非常普遍的病害。病菌从伤口侵染幼苗、茎秆至幼瓜。染病部位初期水渍状浅黄色溃烂，如图114。茎蔓染病，呈浅黄色水渍状阴湿，如图115。潮湿条件下病

图114　初感病水渍状溃烂的叶柄基部

图115　呈浅黄色水渍状阴湿的病蔓

茎和叶柄会溢出菌脓，臭烂，重症时全株枯死。幼瓜染病，高湿条件下迅速腐烂，如图116；干燥环境下感病部位褐枯干萎，如图117。多雨季节，大水漫灌的大棚和温室，低温高湿环境病害发生严重。

图116　高湿条件下染病幼瓜腐烂

图117　干燥条件下染病幼瓜褐枯干萎

【疑似病症】植株茎蔓呈现严重的水渍状黄化和浅褐色病斑，有裂蔓，如图118。细心观察病部叶柄、茎蔓，水渍状斑上面生有白色菌丝，病茎蔓上无菌脓和臭味，分离后确定是蔓枯病造成的枯死症状。

【发病原因】西葫芦、南瓜软腐病是细菌性病害。病菌通过伤口侵染，靠雨水和灌溉传播。保护地大水漫灌会使病害扩大蔓延，人工农事操作、溅水也会传播。长时间高湿环境和大水漫灌以及暴雨天气下发病重。保护地早春寒冷季节发病重。

【救治方法】

农业措施：清除病株和病残体并烧毁，病穴撒入石灰消毒。采用高垄栽培。避免带露水或潮湿条件下整枝打杈等操作，阴天

图118　疑似细菌性软腐病的蔓枯病茎蔓褐变

最好不进行农事操作，尽量避免造成植株的伤口。

种子消毒：用55℃温水浸种30分钟，或70℃干热灭菌48～72小时；或每千克种子用47%春雷·王铜可湿性粉剂400倍液浸种2小时。

药剂防治：预防细菌性软腐病初期可选用47%春雷·王铜可湿性粉剂800倍液，或30%噻唑锌悬浮剂400倍液，或2%春雷霉素水剂800倍液、77%氢氧化铜可湿性粉剂800倍液、27.12%氧化铜悬浮剂800倍液喷施植株和地面或沟施，还可每667米²用硫酸铜钙1～2千克撒施后浇水处理土壤，可以预防病害。

细菌性叶枯病

【典型症状】西葫芦和南瓜都会发生细菌性叶枯病。细菌性叶枯病主要为害叶片。整个生长期病菌均可以侵染。叶片染病初期，在潮湿环境下感病叶背产生水渍状浅褐色不规则病斑，如图119；病叶背面初期产生水渍状褐色小点斑，如图120。重症时，几个病斑连成大块病斑，致使叶片大面积深褐色干枯，病斑中心呈灰白色略凹陷，如图121。干燥后重症病斑部位脆裂穿孔，病斑受叶脉限制呈多角形或不规则状，如图122。叶背面没有霉状物，棚室湿度大时，叶背面会有白色菌脓溢出，这是区别于霜霉病的主要特征。

图119　感病叶缘产生水渍状浅褐色不规则病斑

图120　初期呈水渍状褐色小
　　　　点斑的西葫芦病叶背面

图121　病斑连片褐变的叶片

图122　细菌性叶枯病后期病斑脆裂
　　　　穿孔状

【疑似病症】叶片上没有初侵染时的水渍状黄褐色斑点，也没有菌脓，没有病斑由小到连片发展的进程，只是围绕叶缘周围有大小不均、密度不同的浅黄色或白色斑块，如图123。考察瓜农的农事操作情况，这种现象多与温度突然升高，放急风闪秧有关，应诊断为闪苗裂叶现象。精细管理，适当喷施螯合氨基酸（阿速勃叶）300倍液可缓解，渐进炼苗可以避免这种现象发生。

【发病原因】叶枯病属于细菌性病害。病菌可在种子内、外和病残体上越冬，主要从叶片、幼瓜的伤口及叶片气孔侵入，借助

图123　疑似细菌性叶枯病的风闪受寒白化裂叶

飞溅水滴、棚膜水滴下落、结露、叶片吐水、农事操作、雨水、气流传播蔓延。适宜发病温度为24～28℃，相对湿度70%以上均可促使细菌性叶枯病流行。昼夜温差大、露水多，以及阴雨天气整枝绑蔓时损伤叶片、枝干、幼嫩果实均是病害大发生的重要因素。

【救治方法】

选用耐病品种：引用抗寒性强的品种，如美玉、法拉利、玉莹等。

农业措施：清除病株和病残体并烧毁，病穴撒入石灰消毒。采用高垄栽培，尽量不在阴天或带露水或潮湿条件下进行整枝吊蔓等农事操作。

种子消毒：温水浸种，用55℃温水浸种30分钟，或70℃干热灭菌72小时，或每千克种子用47%春雷·王铜可湿性粉剂400倍液浸种2小时。

药剂防治：预防细菌性叶枯病可选用47%春雷·王铜可湿性粉剂400倍液，或30%噻唑锌悬浮剂400倍液，或77%氢氧化铜可湿性粉剂500倍液、27.12%氧化铜悬浮剂800倍液喷施或喷淋土表封杀。每667米^{2}用硫酸铜钙2～3千克撒施后浇水处理土壤，可以预防病害。

三、西葫芦、南瓜生理性病害的诊断与救治

在蔬菜生产一线，菜农对生理性病害的认知非常模糊，生理性病害已经成为影响生产优质高效蔬菜的重要障碍。生理性病害占病害发生比例正逐年提高，因误诊而错用农药、误施肥，致使产生的各种农药药害、肥害等现象普遍发生。又因菜农将多种农药混施造成的复合症状给诊断带来难度。我们以蔬菜生产中常发生的症状来分类诊断。

低温障碍（寒害、冷害、冻害）

【症状】西葫芦是喜温作物，南瓜耐高温，低温障碍多发生在北方设施越冬栽培或早春冷棚栽培的条件下。其表现为长期处于低温环境下，西葫芦叶片叶缘向下帽状弯曲，如图124；南瓜叶片侧翻下垂状，如图125。越冬栽培的西葫芦持续长时间处于低温寒冷的环境中，首先叶片因叶肉受寒褪绿呈斑驳花叶状，如图126；中度寒冷会造成从叶缘开始黄化，如图127；长期处于低温状态则植株枯黄，叶肉白化，如图128；大温差的变化如突发性霜冻会造成叶片水渍状黑褐色坏死，如图129；重度霜冻会直接造成整株萎蔫性死亡，如图130。持续低温，植株根系黄褐色，很少有新根和须根，如图131；老根有腐朽坏死现象，近

图124　低温环境下，西葫芦叶片叶缘向下帽状弯曲

图125　低温环境下，南瓜叶片侧翻下垂状

图126 低温导致叶片呈斑驳花叶状

图127 中度寒冷导致叶缘开始黄化

图128 长期处于低温条件下，叶肉白化，叶缘枯黄

图129 突发性霜冻造成叶片水渍状黑褐色坏死

图130 重度霜冻造成整株萎蔫性死亡

图131 土壤低温根系黄褐色，少有新根和须根

根颈处发生腐烂，如图132。重度寒冷导致开花坐瓜期的西葫芦呈现瓜打顶状态，如图133，重症时成片整株被冻死。

图132　土壤极度低温会造成根部腐朽坏死或近根颈处腐烂　　图133　重度寒冷造成的瓜秧缩顶状

　　【疑似症状】叶肉褪绿，叶片呈斑驳花叶状，但是在叶片上分布均匀，如图134，应诊断为病毒病的花叶症状。寒害叶肉褪绿，一般在叶缘和叶片中大面积叶肉处而且分布不均匀。

　　叶片针点状阴湿性白斑，如图135，初期表现疑似寒害，随着时间推移可以看见病斑的扩大和穿孔，应该是细菌性叶枯病症状。

图134　疑似寒害的病毒病斑驳花叶　　图135　疑似寒害的细菌性叶枯病叶片

【发病原因】西葫芦、南瓜是耐热不耐寒的喜温作物，耐受寒冷环境的程度是有限的。南瓜生长适温为 14 ~ 28℃，西葫芦的生长适温为 18 ~ 25℃，根系最低耐受温度为6℃。西葫芦、南瓜对低温耐受力较低，持续耐受低温，生长会极其缓慢。在盛瓜期，根系的营养吸收跟不上，就会出现瓜打顶现象，瓜秧严重受冻害，遇霜即死。温度低于13℃时植株停止生长。当冬春季或秋冬季定植或育苗时，如遭遇寒冷或长时间低温或霜冻，西葫芦、南瓜植株本身会产生因低温障碍导致的寒害、冻害症状。分苗、移栽后浇极度冷水和水量过大、持续低温阴天、土壤积水通透气差导致根系吸氧不足，发病重。

【救治方法】越冬栽培选择耐寒、抗低温、抗弱光品种，如京葫3号、京葫12、京莹、法拉利、玉莹等。

根据生育期确定低温保苗措施，避开寒冷天气移栽定植。

育苗期注意保温，可采用加盖草苫，棚中棚加膜进行保温抗寒，如图136。一般每增设一层棚膜可以增温2 ~ 3℃。对于冬季或冬早春栽培来说，安全渡过霜冻和保证瓜提前上市，增设棚膜保温是非常重要的措施。

图136　棚中棚二膜、三膜保温方式

突遇霜寒，应进行临时加温措施，如烧煤炉，或铺施地热线、烧土炕、加盖草苫等。

定植时，提倡采取晴天晒水定植方法，如图137。建议高垄栽培的全地膜覆盖，如图138。进行膜下渗浇，小水勤浇，切忌大水漫灌，可有效降低棚室湿度，有利于保温排湿。

有条件的铺设滴灌设施，既可保温降湿还可有效降低发病概率。做到合理均衡施肥浇水，是绿色品牌蔬菜生产的必然趋势。

在北方，越冬栽培和冬早春以及春季保护地栽培西葫芦，抗寒、抗冻的实践经验告诉我们，应对技术方案可综合为以下措施。

（1）遇雪时，棉被苫上没有覆膜的，应及时尽早拉开棉被，清扫棚膜上的积雪。有条件的可以用温水清除棚膜上面的灰尘、污物及积雪，增加棚内阳光的照射，提高棚温。

图137 定植前用水袋晒水 　　图138 高垄全地膜覆盖种植模式

（2）增加覆盖物：尽快架设二膜，在大棚内套二膜或架设小拱棚并加盖草帘。大棚前面加草苫围帘或玉米秸，增加保温措施。这样可增温1～2℃。

（3）在原来的棉被或草苫上面再加一层薄苫或棚膜，压严封口和棚前围挡处，可使棚温提高2～3℃。不仅可以挡风，还能防止雨雪打湿、冻僵棉被苫或草苫造成的拉苫故障，也减少因水分蒸发而引起的热量散失。

（4）有条件的园区可以开通暖风机、空调、暖气片等加温设备增温，或温室内增设火炉或电暖气、电热炉增温保苗。

（5）使用足功率的植物补光灯补光的同时还可以提高棚温2.5℃左右。在充足光照下，光合作用良好，植株健壮，可以提高抵抗低温的能力。

（6）棚内凌晨4～5时点燃增温燃烧块，每3～5延长米点燃一块，或在棚前后各每1～1.5延长米点燃一支蜡烛，在清晨最寒冷的时间对防冻伤有即时抗寒效果。

（7）用螯合氨基酸硅叶面肥（阿速勃叶）30毫升对15升水喷施，或用途保康10毫升对15升水喷施叶面，可增加叶肉含糖量及硬度，提高植株抗寒性，可缓解冻害。

（8）极寒冷天气下应严格控制浇水。通风时要短时放湿气，使棚室尽快升温。采用浅中耕破湿土的办法控制水分蒸腾和促进根部保温。保温防寒时节不提倡冲施水溶性肥料，必须追肥时，建议施用螯合氨基酸液肥（阿速勃沃土）每667米²500毫升，或施生物钾肥、腐殖酸补充植物营养。棚内定期补施二氧化碳。

在天气预报将有极度寒冷天气到来时，可以迅速喷施56%螯合氨基酸硅水乳剂（阿速勃叶）300倍液，或55%途保康水剂400倍液、90%腐殖酸水剂500倍液、55%益施帮水剂400倍液、3.4%赤·吲哚·芸晶体（碧护）5 000倍液等。

土壤盐渍化障碍（氮过剩）

【症状】轻度土壤盐渍化障碍，植株组织柔软，叶片肥大，叶柄细长，如图139，重度土壤盐渍化障碍，叶色浓绿，生长缓慢，矮化。发病初期叶缘产生失水性枯干，如图140，继而发展成浅褐色枯边，如图141，因过量施入尿素或氮肥造成化瓜、植株旺长或生长紊乱，如图142。严重时，幼瓜黄化、脱水性萎蔫，如图143。根系长期生存在重度

图139　叶片肥大、叶柄细长的南瓜

图140　西葫芦叶缘失水性枯干状

图141　西葫芦叶缘浅褐色枯边状

图142　化瓜空秧严重旺长

图143 幼瓜脱水性萎蔫

盐渍化土壤环境里不发须根，如图144，直至呈褐色沤根状并丧失生存活力，导致植株萎蔫性枯死，如图145。干燥环境下拔出根系，可见褐色干腐状，如图146。育苗土加入过量的氮素会造成秧苗叶缘烧灼呈黄褐色枯边，如图147。

【发病原因】在重茬、有机肥严重不足、过量施用化肥的种植地块，发生西葫芦、南瓜盐渍化障碍的现象非常普遍。原因是长

图144 根系须根少

图145 盐渍化土壤导致的萎蔫性枯死植株

图146 重度盐渍化土壤导致根系褐色干腐状

图147 育苗土加入过量氮素造成苗叶缘烧灼呈黄褐色枯边

期施用化肥，使土壤中的硝酸盐逐年积累。由于肥料中的盐分不会或很少向下淋失，造成土壤中的盐分就借毛细管水上升到表土层积聚，盐分的积聚使根压过小，造成各种养分吸收输导困难，植株生长缓慢。植株根压过小，土壤反而向植株索要水分，造成局部水分倒流。同时，保护地棚室或夏季露地中的温度高，水分蒸发量大，叶片因根压不足导致吸水和养分不足，叶缘呈枯干状，严重症时植株萎蔫或枯萎。

【救治方法】解决土壤盐渍化问题的根本是改良土壤。要改善土壤的板结状态，改善土壤的通透气状态，应增施有机肥、增加土壤活性物质如秸秆还田、高温闷棚、测土配方施肥等综合措施同时进行。

洗盐：严重土壤盐渍化地块应灌水洗盐，泡田淋失盐分。然后增施有机肥。

土壤改良：深翻土壤，增施腐熟有机肥＋每667米²10千克速腐剂＋粉碎好的秸秆松化物质，深翻后浇渗透性大水，但不要漫灌，无积水为合适，闷棚3周。只有这样加强土壤通透性和供肥性能，才能改变盐渍化的土壤。

增施有机肥，测土配方施肥，尽量不用容易增加土壤盐类浓度的化肥。氮肥施用过量的地块增施生物钾肥和动力生物菌素，如每667米²施生物菌肥根真多3千克，或高浓度腐殖酸250毫升，或螯合氨基酸（阿速勃沃土）1升，或根罗2千克，这些菌肥的施入均对改善西葫芦、南瓜根系活力、刺激生长有益，可改善土壤通透气状况，缓解因盐渍化障碍造成的钙、镁、锌、硼被有效吸收难的困境。

对改善西葫芦、南瓜的根系活力，刺激生长可起到促进作用。

可选用55％氨基酸水剂（益施帮）400倍液，或98％螯合氨基酸水乳剂（阿速勃叶）600倍液，或55％氨基酸硅水乳剂（途康）500倍液，或腐殖酸300倍液等喷施，可增加西葫芦、南瓜对肥料的有效吸收和传导。

缺氮症——黄化

【症状】缺氮症状就是人们常说的脱肥黄化症，在盛瓜期常发生。缺氮的叶片褪绿黄化，黄绿斑驳相间，叶脉不褪色，如图148。此症从基部叶片向上发展最明显。瓜芽、叶芽不易分化，茎叶细小赢弱。重度氮缺乏时，根部变褐，整株叶片从下到上逐渐呈现均匀黄绿斑驳的黄化症状，如图149。在盛瓜期严重缺氮时会造成幼瓜畸形，如图150。南瓜在蔬菜生产中常常用作砧木来解决连作障碍问题。在嫁接砧木育苗中由于其吸水吸肥量大，人们忽略对其补充肥料，造成砧木（南瓜）缺氮黄化褪绿症状，如图151。

图148 叶片缺氮黄化症

图149 重症缺氮时整株斑驳黄化症

图150 重度缺氮造成的畸形棒槌瓜

图151 南瓜砧木缺氮黄化褪绿症

图152 疑似缺氮的病毒性黄化症

【疑似症状】西葫芦植株中仅几个叶片黄化，初期植株中上部叶片叶肉开始褪绿，叶脉和叶肉同时黄化皱缩。症状严重时整株叶片黄化，叶片生长受到抑制而变小，诊断应为病毒性黄化叶片，如图152。

【发病原因】缺氮常与沙土地

氮肥易流失以及硝态氮易流失有关，也与瓜类膨大期施肥不及时或不均匀、大水漫灌、秸秆施入量过大有关。

【救治方法】

科学施肥：测土配方施肥，严格控制化肥施入量，注意增施、多施有机肥，助力各种元素均衡吸收和转化。

科学灌水：水肥药一体化的滴灌，要注意水肥药施入的顺序，分层施入，针对准耕作层须根的肥药吸收，避免大水漫灌造成的化肥流失和浪费和继而引发的缺氮症。

补充叶面肥：常用的叶面肥和使用浓度是：55%氨基酸水剂（益施帮）400倍液、98%螯合氨基酸水乳剂（阿速勃叶）600倍液、55%氨基酸硅水乳剂（途保康）500倍液、腐殖酸300倍液等，可促进作物对营养的有效吸收和传导。

风　　害

【症状】多发生在春季定植前后生长期。温暖潮湿环境下刮疾风，植株出现白色斑点，如图153。冷风持续，会使叶肉细胞紧缩，呈白化干枯花叶，如图154。若大风吹开棚膜或放大风不当，叶片叶缘将产生脱水性白色干裂，如图155；叶肉褪绿，并产生不规则大小不等的白化斑点。而后叶片易脆裂穿孔，如图156。多与高湿高温环境下，放疾风闪苗有关。

图153　西葫芦叶片上的白色斑点

图154　持续冷风导致叶片呈白化干枯花叶

图155 放大风不当造成的叶缘脱水性
白色干裂

图156 脆裂穿孔的风害叶片

图157 疑似风害的细菌性叶枯病穿孔斑

【疑似症状】叶片白化穿孔，但是斑点分布均匀，叶片在潮湿环境下背面初期产生水渍状褐色小斑点，有菌脓和臭味，如图157，重症时汇成大块病斑，干燥后病斑部位脆裂穿孔。诊断为细菌性叶枯病。臭味和菌脓是区分细菌性叶枯病与风害的区别。

【发病原因】在我国北方，设施栽培的西葫芦生长环境均是在温暖棚室里，春季温度大都是以防风为调节方式。秧苗在高温高湿的生存环境里叶片含水量较多，放急风或大风口势必造成叶片受冷热不均的刺激，引发系列生理反应，急骤的冷风会造成叶肉细胞不同程度冻害，甚至冻死而呈白化叶斑现象。因此，放风应该是一个渐进的过程，不能一蹴而就，引发不必要的损失。

【救治方法】

设施防风：人工入棚口增设二门挡风和寒气，如图158。避免冷风直接进入造成对门口附近植株的伤害。

图158　架设棚口挡风二门

科学放风：增加放风次数，缩短放风时间，适当炼秧，使秧苗逐渐适应。

药剂救治：出现症状后，可叶面喷施55％氨基酸水剂（益施帮）400倍液，或98％螯合氨基酸水乳剂（阿速勃叶）600倍液，或55％氨基酸硅水乳剂（途保康）500倍液，或腐殖酸300倍液等营养剂，增加植株有效吸收和传导，缓解因风害造成的脆叶、僵叶等症状。

四、西葫芦、南瓜药害诊断与救治

用 量 过 大 药 害

【症状】

（1）施用辅助授粉促坐瓜药剂过量，子房分化畸形，形成"花猫果"异形瓜，如图159，商品性不好。

（2）叶脉生长正常，叶肉膨大受到抑制，轻度的为皱缩花叶，如图160，使植株呈矮化簇状，如图161；重度的叶片呈爪状畸形，如图162。用2,4-滴保花促坐瓜蘸花时，药剂在高温条件下产生熏蒸作用，

图159 呈"花猫果"状的异形西葫芦

图160 皱缩花叶状西葫芦叶片

图161 2,4-滴熏蒸导致矮化簇状的植株

图162 受2,4-滴重度熏蒸导致的爪状叶片

使嫩叶产生微纵卷，如图163。叶龄越小对药剂越敏感。一般下部老叶生长正常，上部叶片易出现细长爪状，如图164。

图163　2,4-滴熏蒸使新叶产生的微纵卷状　图164　2,4-滴蒸腾熏蒸受害的西葫芦植株

【药害原因】生产中棚室越冬或冬早春栽培模式种植的西葫芦，因温度低花芽分化受阻，采用药剂辅助授粉措施。由于使用的植物生长调节剂浓度过大，花柱脱落处生长过快，胎座外露而形成"花猫果"状畸形瓜。瓜农使用2,4-滴或吡效隆进行保花时，常常只注重使用浓度而忽视了使用剂量，希望促进分化、授粉、生长，或忽视了药剂适用生长阶段和过量使用后对植株局部器官组织的刺激或抑制作用不同，即其作用只对植株某一部位作用的特点，往往在对花蕾喷施保花药的同时，将药液喷施或使药液滴落到幼嫩的生长点或嫩叶上，或药液挥发熏蒸植株，造成刺激或抑制叶肉细胞生长的症状。其后果是出现疑似病毒病症状，也就是菜农经常误诊说的"小叶病"。生产中还有些菜农只是认知2,4-滴是一个保花防落花的药剂，忽略了2,4-滴使用剂量的严格性。其实，2,4-滴大剂量使用具有抑制生长的功能，因此不能重复施用，不能让雾滴飘逸落到叶片上，尤其是新生叶片。同时还要看看施药时棚室或露地的温度，温度太高药液会随风飘逸而导致药害。对症用药、准确用好生长调节剂，针对植株发生的病害和生长情况使用调节剂和杀菌剂是农技人员一再叮咛菜农的基本技术要求。

【救治方法】药害救治技术是一个非常大的难题。尤其是蔬菜，一旦出现药害，解救是一个缓慢的调节过程。下面把多年的救治实践体会和方案按照药害等级分述。

（1）轻度药害：卷叶、叶片微翘、叶肉皱缩、斑驳花叶、叶柄拉长。

解救措施：①喷施56%阿速勃叶水剂30毫升对16升水（1喷雾器水）。②喷施55%爱沃富水剂15毫升对16升水。

（2）中度药害：叶片黄化、皱缩、畸形，叶缘脱水性枯干，分化无序和生长紊乱。

解救措施：①根施阿速勃根每667米²500毫升滴灌或喷淋；再用阿速勃叶30毫升＋海藻酸20毫升对16升水（1喷雾器水）辅助喷施。②根施根罗每667米²2千克，用甘美25毫升对1喷雾器水辅助喷施。③每667米²用伊万腐殖酸500毫升微喷或滴灌。

用爱沃富20毫升对16升水（1喷雾器水）喷施。

（3）重度药害：植株明显矮化，叶片畸形、黄化褪绿，轻度丛枝，僵硬，幼果僵化，叶片烧灼性白化、枯斑等。

解救措施：①每667米²根施阿速勃沃土1 000毫升，冲施或滴灌；阿速勃叶40毫升对水16升（1喷雾器水）喷施，5天之后加强一次，共喷2次。

②每667米²根施根罗2千克微喷，5天后加强一次，共施2次；用甘美50毫升＋3.4%赤·吲·乙芸可湿性粉剂3克对水16升喷淋，5天之后加强一次，共喷2次。

③每667米²用伊万腐殖酸500毫升微喷，5天后再施一次，活化根系吸收能力，促进快速生长；用途保康25毫升＋3.4%赤·吲·乙芸可湿性粉剂3克对水16升（1喷雾器水）喷施。

整体目标：促进植株恢复生长和症状缓解。

发生药害后也可单独喷施以下药剂：56%螯合氨基酸（阿速勃叶）400倍液、55%氨基酸水剂（益施帮）400倍液、55%氨基酸硅（途保康）500倍液、腐殖酸300倍液、3.4%赤·吲·乙芸可湿性粉剂5 000倍液等，缓解药害造成的脆叶、僵叶等生长异常。

建议使用不易产生熏蒸药害的植物生长调节剂辅助授粉，如对氯苯氧乙酸。科学用药，降低药害的发生率。

施药不当药害

【症状】

（1）多效唑药剂造成西葫芦的皱缩叶片，如图165，矮化植株，如图166。

图165　多效唑药害造成西葫芦叶片皱缩　图166　多效唑药害造成西葫芦植株矮化

（2）多种农药混于一喷雾器中喷施，且高浓度、大剂量造成幼瓜灼伤，如图167，以及烧灼化瓜，如图168。

图167　多种农药混于一喷雾器中喷施　图168　多种农药混调节剂于一喷雾器
　　　　导致西葫芦产生灼伤褐斑　　　　　　　中喷施导致化瓜

（3）叶面肥与植物生长调节剂混用造成南瓜疑似病毒病的斑驳花叶，如图169。

【药害原因】西葫芦、南瓜尤其是菜用西葫芦多是幼嫩时就采摘上

图169　叶面肥与植物生长调节剂混用造成南瓜斑驳花叶

市，皮薄、肉嫩，对农药最敏感。生产中有许多瓜农，误认为使用的农药越多，对病虫害防治效果就越好，或一次性掺入多种农药可以将许多种病虫害一次性防住。其实不然，病虫害的发生流行随季节、气候变化有一定的规律性，并不是所有病虫害或几种病虫害同时发生。正确的方法是掌握病虫害发生的规律，针对病虫害发生的季节特点和传播规律制订防治方案，及早进行预防与救治。防治西葫芦、南瓜病虫害时用药剂量也很严格，尤其是苗期的使用浓度和药液量更应该严格掌握，机械喷施农药更需严格计算药量和行进速度与着药量的相关性，并使雾滴均匀。不同的农药在不同的蔬菜作物上的使用计量是经过科研部门严格试验示范后才进行推广应用的，我们施用必须遵守农药包装袋上推荐使用的安全剂量。选择药品时，不要贪图价格便宜，应对症选药，达到防治病虫害的目的。

【救治方法】受害秧苗如果没有伤害到生长点，可以加强肥水管理促进快速生长。整体解救方案请参考植物生长调节剂药害解救方案（上节）。小范围的秧苗药害可尝试选用喷施赤霉素，或施用阿速勃叶400倍液，或3.4%赤·吲·乙芸3 000倍液缓解药害症状。生产中应尽量将除草剂与杀菌剂、杀虫剂分别使用两个喷雾器进行操作，避免除草剂药害发生。药害的地块，救治非常困难，毁种在所难免。

五、西葫芦、南瓜肥害的诊断与救治

【症状】设施栽培西葫芦、南瓜种植需要施入大量底肥，但是人们过多的注重施肥的数量，而忽视了基肥腐熟程度，常常把干鸡粪等未充分腐熟的有机肥施到地里。当秧苗定植时，未腐熟的有机肥在土壤中继续发酵，发热产生酸性环境破坏植物根系，同时产生有害气体，熏蒸接近地面的叶片使叶缘产生脱水性干枯，如图170；也会使秧苗根系呈褐色，且不长新根，导致植株营养不良，影响整个植株生长发育，叶片因营养不足而脱肥黄化，如图171。重症肥害会造成植株脱水性萎蔫甚至枯死。

图170 未腐熟肥料产生的有害气体熏蒸使叶缘脱水性干枯

图171 肥害烧灼造成的西葫芦烧花化瓜

在生产中人们对叶面肥的认知不是很充分。经常认为多施点没坏处，其实不然。另外，有些不法厂商在叶面肥、冲施肥中加入植物激素类物质，剂量一大就会产生叶面肥害（有时其实是激素药害），植株表现叶片僵化、变脆、扭曲畸形，茎秆变粗，生长受抑制，造成微肥中毒，如图172。

图172　叶面微肥过量施用造成抑制生长、茎蔓变粗

【救治方法】栽培西葫芦、南瓜的棚室定植后一定注意通风透气，同时一定要施入腐熟的底肥，深施，不要露出地表，以免产生氨气熏蒸叶片造成肥害。配制育苗营养土，应严格控制化肥即磷酸二铵的用量，要准确称量，或尽量不用化肥作营养土的肥源，加足量腐熟好的有机肥配制即可（可参照第七部分营养土配方操作）。喷施叶面肥要准确掌握剂量，做到合理施肥，配方施肥。夏季或高温季节追施化肥时，应尽量定量、沟施、覆土，避开中午高温时施肥，施肥后及时浇水通风。有条件的棚室提倡滴灌施肥，可有效避免高温烧叶，肥水不均等现象。对已经产生烧灼现象的肥害瓜秧，尽快浇清水降低土壤中肥料浓度，通风降低棚室温度，降低植株蒸腾水分的总量，避免造成植株脱水性萎蔫。

本书第七部分"解肥害小处方"是根据基层科技能手的生产经验整理出的系列方案，供参考。

六、西葫芦、南瓜主要虫害与防治

烟 粉 虱

【为害状】西葫芦、南瓜上的粉虱类害虫有烟粉虱和白粉虱。成虫或若虫群集嫩叶背面刺吸汁液，如图173，使叶片产生褪绿沙点并逐渐变黄，如图174。由于刺吸造成叶片汁液外溢又诱发落在叶面上的杂菌滋生形成霉斑，严重时霉层覆盖整个叶面及茎蔓。

图173　烟粉虱为害南瓜叶片状

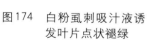

图174　白粉虱刺吸汁液诱发叶片点状褪绿

无公害蔬菜病虫害防治实战丛书

【为害习性】烟粉虱一般在温室常年为害，周年均可发生，没有休眠和滞育期且繁殖速度非常快，1个月完成1个世代。雌成虫平均产卵150粒左右，每头雌虫还可以孤雌生殖10头以上的雄性子代。成虫喜食幼嫩枝叶，有趋黄性。在适温范围内，烟粉虱繁殖随着温度的升高速度加快，18℃时发育历期31.5天，24℃时24.7天，27℃时22.8天。可见温度越高繁殖速度越快，为害作物就越严重。由此也能看出，春末夏初烟粉虱繁殖加快，到了夏秋季节烟粉虱为害达到高峰。因此，从防治上看应该是越早越好。

【防治方法】

设置防虫网：为阻止烟粉虱飞入棚室为害，可在棚室通风口、出入口等处设置40目防虫网，如图175。夏季育苗应设置小拱棚式的60目*防虫网棚，如图176。

图175 大拱棚设置的防虫网

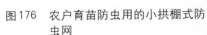

图176 农户育苗防虫用的小拱棚式防虫网

* 目为非法定计量单位，60目网孔径尺寸为0.250毫米。

吊挂黄板诱杀：每667米²吊挂30块（尺寸：25厘米×30厘米）黄板，诱杀残存于棚室内的烟粉虱。

"一蘸、一喷、一挂"综合防治方法：防控棚室内暴发性烟粉虱建议采用此法。

一蘸：穴盘育苗定植前用35%噻虫嗪悬浮剂10毫升+6.25%精甲霜灵·咯菌腈悬浮剂20毫升对水16升蘸根5～8秒，然后下地定植。

一喷：喷施复合精油100倍液，喷施做到均匀周到，对棚内所有绿色植物都要喷到。此步可望杀灭90%以上暴发性烟粉虱。

一挂：喷施复合精油前，棚室设置防虫网，喷施后吊挂诱虫黄板，以阻隔室外粉虱飞入和杀灭残虫。

药剂防治：灌根施药：早期建议利用滴灌进行水肥药一体化灌根，每667米²用35%噻虫嗪悬浮剂60毫升，定植时随滴灌施入。生产中菜农采用穴灌施药（灌窝、灌根）法，即定植前后每667米²用35%噻虫嗪悬浮剂20毫升对水30升随定植水一起淋灌秧苗，或在移栽前2～3天，喷淋幼苗，使药液除叶片以外还要渗透到土壤中，持续有效期可达30～40天，有很好的防治粉虱类和蚜虫的效果。

喷雾施药：可选用24.7%噻虫嗪·高效氯氟氰菊酯微囊悬浮-悬浮剂1 500倍液，或25%噻虫嗪水分散粒剂2 000倍液喷施或淋灌，15天1次；或用2.5%三氟氯氰菊酯水剂1 500倍液喷雾防治，共喷药防治2～3次，应严格遵守安全间隔期。还可用2.5%高效氯氟氰菊酯水剂（绿色功夫）1 500倍液，或10%溴氰虫酰胺可分散油悬浮剂2 000倍液，或50%氟啶虫胺腈可分散粒剂1 200倍液，或10%吡虫啉可湿性粉剂1 500倍液灭虱、灭蚜。

蚜　虫

【为害状】蚜虫以成虫和若虫在叶片上刺吸汁液，如图177，造成叶片卷曲变形，也常因为大量蚜虫刺吸致使叶柄和生长点扭曲，缩顶。蚜虫同时还是病毒的传毒媒介。

【为害习性】蚜虫一年可以繁衍10代以上。以卵在越冬寄主上或以若蚜在温室蔬菜上越冬，周年为害。气温6℃以上蚜虫就可以活动为害。繁殖适宜温度是16～20℃，春秋时10天左右完成1个世代，夏季4～5天完成1代。每头雌蚜产若蚜60头以上，繁殖速度非常快。温度高于

图177　蚜虫为害瓜叶状

25℃时高湿环境不利于蚜虫为害，这就是为什么在高温高湿环境下，蚜害反而减轻的缘故。因此，北方蚜虫为害期多在6月中下旬和7月初。蚜虫对银灰色有趋避性，有强烈的趋黄性。

【防治方法】

释放天敌：设施棚室栽培可以释放丽蚜小蜂防治蚜虫（图178）。

设置防虫网：为阻止蚜虫飞入棚室为害，可在棚室通风口、出入口等处设置40目防虫网，夏季育苗，应设置小拱棚式的60目防虫网棚，如图176。

吊挂黄板诱杀：每667米²吊挂30块（尺寸：25厘米×30厘米）黄板，诱杀残存棚室网内的蚜虫。

铺设银灰膜：利用蚜虫对银灰色的趋避性，在垄上铺设银灰色薄膜，驱避蚜虫。

"一蘸、一喷、一挂"综合防治法：可参考"烟粉虱"一节。

药剂喷雾防治可选用24.7%噻虫嗪·高效氯氟氰菊酯微囊悬浮-悬浮剂1 500倍液，或25%噻虫嗪水分散粒剂2 000倍液喷施或淋灌；或选用35%噻虫嗪悬浮剂2 000倍液、50%氟啶虫胺腈水分散粒剂1 200倍液、

图178 丽蚜小蜂寄生蚜虫状

10％吡虫啉可湿性粉剂1 500倍液、2.5％高效氯氟氰菊酯水剂1 500倍液喷雾，注意轮换用药和严格遵守农药安全间隔期。

红　蜘　蛛

【为害状】红蜘蛛为害西葫芦、南瓜，成、若螨集中在幼嫩的部位刺吸汁液，尤其是还未展开的芽、幼叶、花蕾是主要被害部位，被刺吸叶片正面呈现沙状失绿，如图179。成、若螨聚集叶背面刺吸叶片使之逐渐褪绿，变成灰白色斑点，如图180。重症时生长部位和幼瓜被吸干枯死，如图181。受害西葫芦、南瓜生长点受害，植株不能正常生长。早衰现象严重，如图182。

【为害习性】红蜘蛛以成螨在蔬菜棚室的土壤里和越冬蔬菜的根际处越冬。依靠爬行、风力和人为操作传带，以苗木转移扩展蔓延。红蜘蛛繁衍很快，成螨对湿度要求不严格，这就是红蜘蛛干旱、高温环境条件下为害严重的缘故。红蜘蛛仅靠自身移动为害范围不大，这也是螨虫为害点片发生的特点。远距离传播多与人为传带和移栽有关。因此，清园的作用非常重要。

图179　红蜘蛛刺吸后叶片正面呈现的沙状失绿

图180　红蜘蛛为害后叶背面呈灰白斑点状

图181 重度被害幼瓜枯死

图182 重度被害西葫芦植株生长衰弱

【防治方法】铲除越冬棚室周围的杂草，彻底清除枯枝落叶，切断越冬寄主上的虫源。红蜘蛛生活周期较短，繁殖力强，应注意早期防治。可选用20%丁氟螨酯悬浮剂1 500 ～ 2 500倍液，或20%哒螨灵乳油1 500倍液、1.8%阿维菌素乳油2 000 ～ 3 000倍液、2.5%联苯菊酯乳油3 000倍液、50%炔螨特乳油（克螨特）2 000倍液、40%噻螨酮乳油2 000倍液喷施。

蓟 马

【为害状】成虫和若虫为害西葫芦、南瓜生长点，致使新叶停止生长，叶片畸形，叶脆，疑似病毒病为害状。蓟马主要在花内活动为害，如图183，致使花器过早凋谢，如图184。露地栽培条件下蓟马为害多于保护地。

【为害习性】蓟马以成虫和若虫锉吸嫩瓜、嫩梢、嫩叶和花、果的汁液。一年发生8 ～ 18代不等，在南方因气候温暖繁衍迅速；北方因气候冷凉、季节分明，繁衍稍慢。以卵、若虫和蛹越冬，成虫在土壤中羽化，出土后向上爬行至植株幼嫩部位为害。移动较快，可以跳跃式移动。有较强的趋光性和趋蓝色特性。在南方四季均可为害，在北方以夏、秋季为害严重。

图183　蓟马为害西葫芦花　　图184　蓟马为害致使花器过早凋谢

【防治方法】

农业措施：铲除田间杂草，消灭越冬寄主上的虫源。

设置防虫网：棚室在入口和风口处设置40～60目防虫网，可阻隔蓟马飞入为害。夏季育苗，应设置小拱棚式的60目防虫网棚，规避蓟马为害。

蓝板诱杀：利用成虫趋蓝色习性，在棚室内设置蓝板诱杀成虫。每棚室可设置蓝板15～20块，吊挂距地面100～120厘米处为宜。

释放天敌：在设施棚室内或区域田间，释放草蛉、小花蝽等天敌。

药剂防治：建议采用穴灌施药（灌窝、灌根）法，即用35%噻虫嗪悬浮剂3 000倍液，在定植后或开花前后分两次喷淋幼苗，使药液除叶片以外还要渗透到土壤中，每667米²用药80～100毫升。菜农自己的育苗畦可用喷雾器直接淋灌，持续有效期可达20～30天，有很好的防治蓟马和刺吸式害虫的效果，可以有效预防蓟马早期为害，菜农称"懒汉防虫施药法"。

药剂喷雾防治可选用20%丁氟螨酯悬浮剂1 500～2 500倍液，或40%乙基多杀霉素悬浮剂2 000倍液、24.7%噻虫嗪·高效氯氟氰菊酯微囊悬浮剂1 500倍液、35%噻虫嗪悬浮剂2 000倍液+5%虱螨脲乳油1 500倍液混用喷施或淋灌，15天1次，或用10%吡虫啉可湿性粉剂800～1 000倍液与2.5%高效氯氟氰菊酯水剂1 500倍液混用，或1.8%虫螨克星乳油2 000倍液喷雾防治。生产中采用24.7%噻虫嗪·高效氯氟氰菊酯微囊悬浮剂1 500倍液＋5%虱螨脲乳油1 500倍液混喷，对蓟马成虫、若虫和卵的防治效果不错。

二十八星瓢虫

【为害状】以成虫和幼虫舔食叶肉，残留上表皮呈网状，严重发生时食叶片成多个空洞，整张叶片呈网状甚至干枯，如图185。

图185　瓢虫舔食西葫芦叶片被害状

【为害习性】成虫白天活动，有假死性和自残性。雌成虫将卵块产于叶背面。幼虫群集为害。卵期5～6天，幼虫期15～25天，蛹期4～15天，成虫寿命25～60天。南方温热环境下发生较多，北方夏秋季偶有发生。

【防治方法】

农业措施：人工摘除卵块，集中销毁。露地种植，可以利用二十八星瓢虫的假死习性驱赶至一处后集中网杀。

药剂防治：幼虫期可以喷施2.5%三氟氯氰菊酯水剂1 500倍液，或30%噻虫嗪·氯虫苯甲酰胺悬浮剂3 000倍液、5%氯氰菊酯乳油3 000倍液。

根　蛆

【为害状】西葫芦根部被蛀食，伤口明显，呈撕裂状，致使茎基部腐烂、发臭，如图186。受害植株生长细弱，叶片失绿萎蔫下垂。用手可轻松将植株拔出，并在茎基部可见白色的黑头蛆，如图187。为害严重时，植株大量死亡，造成缺苗断垄或成片死苗。

图187 茎基部的白色黑头蛆

图186 西葫芦被蛆食导致茎基部腐烂

【为害习性】根蛆主要为害西葫芦根部和茎基部，属于钻蛀类害虫。成虫将卵产于未腐熟的粪肥中或直接产于土壤中，孵化后幼虫钻入西葫芦根部钻蛀为害，受伤的根或茎易被土壤中的病原菌侵染，造成根部和茎基部腐烂或者溃烂。由于害虫多隐藏在西葫芦根部或茎基部深处，在田间常常表现为土传病害造成的茎基部腐烂，而导致误诊和误治。根蛆卵孵化需要一定的积温，越冬茬口棚室栽培西葫芦，第二年地温回升后会出现卵孵化和为害高峰，在防治时需要多加注意。

【防治方法】

地块选择：棚室育苗和栽培地块，应尽量不选择前茬为葱蒜类蔬菜的田块，以减少虫源。

设置防虫网：在棚室出入口或放风口设置40～60目防虫网，形成全封闭的隔离环境，以阻止棚外根蛆成虫（迟眼蕈蚊、种蝇）迁入。

色板诱杀或气味诱杀：在网棚内每667米²均匀悬挂20块蓝色粘虫板诱杀棚内根蛆成虫。

农业措施：一定要施用腐熟的粪肥，杜绝使用未腐熟的粪肥，以免招引成虫产卵，加重为害。同时，在棚室茬口的空档期进行高温闷棚，可杀灭虫卵，减轻为害。高温闷棚方法见第七部分。

药剂防治：定植前整地时每667米²使用1%联苯菊酯·噻虫胺颗粒剂（家宝福）5～10千克；第二年立春后，未覆盖地膜的棚室可每667米²撒施1%联苯菊酯·噻虫胺颗粒剂3～5千克后立刻浇水，或者随水冲施48%噻虫胺悬浮剂（福利星）100～200毫升。

棚室覆盖防虫网后1～3天内，在棚体内的骨架、墙体以及地表等处，喷洒2.5%三氟氯氰菊酯水剂600倍液，或每667米²冲施30%噻虫胺悬浮剂180毫升，或喷施1%苦参碱1 000倍液，或每667米²用50%灭蝇胺可湿性粉剂60克灌根。在替代高毒农药的科技示范中，示范能手们的防控方案如下，请参考使用。

方案1：每667米²用48%噻虫胺悬浮剂（福利星）300毫升+25%嘧菌酯悬浮剂（阿米西达）60毫升喷施，全年只施药1次。

方案2：每667米²用48%噻虫胺悬浮剂（福利星）300毫升+根罗2千克喷施，然后冲施腐殖酸500毫升。

方案3：每667米²用20%噻虫胺悬浮剂（护净）800毫升+25%嘧菌酯悬浮剂（阿米西达）100毫升，然后冲施阿速勃根1升。

方案4：每667米²用20%噻虫胺悬浮剂（护净）800毫升+55克/升腐殖酸水溶肥（阿美兹）300毫升，然后冲施阿速勃沃土700毫升。

方案5：每667米²用20%噻虫胺悬浮剂（护净）1 000毫升+5%高效氯氟氰水乳剂（靓功）500毫升+25%嘧菌酯悬浮剂（阿米西达）100毫升，然后冲施腐殖酸肥250毫升+阿速勃叶40毫升对16升水喷施（改善植株生存环境和品质），农药残留监测结果达标。

七、不同栽培季节西葫芦、南瓜一生病害防治大处方、小处方

（一）早春保护地西葫芦、南瓜一生病害防治大处方（3～6月）

第一步：沟施撒药土。移栽前，每667米²用10亿个芽孢/克枯草芽孢杆菌可湿性粉剂1千克拌药土，随定植沟撒施（强健根系，刺激根系活性）。

第二步：定植时，用25％嘧菌酯悬浮剂10毫升+6.25％精甲霜灵·咯菌腈悬浮剂20毫升+56％氨基酸钙镁水剂25毫升对水16升（1喷雾器水）取出穴盘秧苗蘸根4～5秒钟，或定植后淋根（防治土传病害和刺激根系生长，缩短缓苗期）。

第三步：定植15天后，用32.5％苯醚甲环唑·嘧菌酯悬浮剂10毫升对16升水，或80％代森锰锌可湿性粉剂50克对16升水喷施（保健性防病）。

第四步：定植30天后，每667米²用25％嘧菌酯悬浮剂100毫升+腐殖酸250毫升滴灌或淋灌（保健性防病和强根）。

第五步：完成第四步30天后，用50％啶酰菌胺可湿性粉剂30克+47％春雷·王铜可湿性粉剂30克对16升水喷施（保健性防病，预防真细菌性烂果等果腐病）。

第六步：完成上述步骤的15天后，每667米²用42.4％氟唑菌酰胺·吡唑醚菌酯悬浮剂80毫升+5.5％腐殖酸·氨基酸胶体溶液2千克微冲根施（防灰霉病、菌核病、白粉病和结瓜期持续健壮、抗寒），直至收获完毕不用再喷施任何药剂。

图188、图189为大处方技术指导下的丰收景象。

图188 冬春季绿色健康保障性技术方案下西葫芦长势

图189 越冬栽培绿色健康保障性技术方案下西葫芦长势

（二）越冬保护地西葫芦、南瓜一生病害防治大处方
（11月至翌年5月）

第一步：沟施撒药土。移栽前，每667米² 用10亿个芽孢/克枯草芽孢杆菌可湿性粉剂1千克拌药土随定植沟撒施（强健根系，刺激根系活性）。

第二步：定植后，用6.25%精甲霜灵·咯菌腈悬浮剂10毫升对16升水（1喷雾器水）淋根（防治土传病害）。

第三步：定植15天后，32.5%苯醚甲环唑·嘧菌酯悬浮剂10毫升对16升水（1喷雾器水），或80%代森锰锌可湿性粉剂50克对16升水喷施（保健性防病）。

第四步：定植20天后，每667米² 用25%嘧菌酯悬浮剂100毫升+56%氨基酸钙镁水剂500毫升滴灌或淋灌（保健性防病）。

第五步：完成第四步30天后，喷施50%啶酰菌胺可湿性粉剂1 000倍液+47%春雷·王铜可湿性粉剂30克对16升水（保健性防病，预防真菌、细菌性烂秧病）。

第六步：完成第五步10天以后，每667米² 用25%嘧菌酯悬浮剂150毫升+56%螯合氨基酸阿速勃根1升根施（保健性防病）。

第七步：完成第六步10～15天后，喷施40%嘧霉环胺可分散粒剂1 500倍液（防灰霉病和菌核病）。

第八步：完成第七步20天后，每667米²42.4%氟唑菌酰胺·吡唑醚菌酯悬浮剂80毫升+5.5%腐殖酸·氨基酸胶体溶液2千克随水灌根（防灰霉病、菌核病、白粉病和抗寒）。

第九步：40天后，喷施32%吡唑萘菌胺·嘧菌酯悬浮剂1 500倍液+47%春雷·王铜可湿性粉剂400倍液（防控白粉病、细菌性软腐病）。

（三）露地（制种田）西葫芦、南瓜一生病害防治大处方 （4～9月）

第一步：沟施撒药土。移栽前，每667米²用10亿个芽孢/克枯草芽孢杆菌可湿性粉剂1千克拌药土随定植沟撒施（强健根系，刺激根系活性）。

第二步：定植时，用35%噻虫嗪悬浮剂10毫升+6.25%精甲霜灵·咯菌腈悬浮剂20毫升+阿速勃根25毫升对水16升（1喷雾器），取出穴盘秧苗蘸根4～5秒或定植后淋根（防治土传病害、刺吸式害虫和刺激根系生长无缓苗期）。

第三步：定植15天后，喷施70%甲基硫菌灵可湿性粉剂1～2次，每袋药（100克）对3喷雾器水，10～15天1次。

第四步：完成第三步15天后，10%苯醚甲环唑水分散粒剂10克+阿速勃叶25毫升对1桶水喷施（保健性防病，抗寒，促花分化）。

第五步：根施。完成第四步30天后，每667米²用25%嘧菌酯悬浮剂100毫升+腐殖酸250毫升滴灌（推荐水肥药一体化）或淋灌（保健性防病和强根）。

第六步：上步完成40天后，75%百菌清可湿性粉剂30克+47%春雷·王铜可湿性粉剂30克对水1桶喷雾（预防真菌、细菌性果腐病等）。

第七步：根施。上步完成15天后，每667米²用25%嘧菌酯悬浮剂150毫升+根罗2千克微冲（防白粉病和结瓜期持续性健壮，抗高温）直至收获完毕不用再喷施任何药剂。

（四）秧苗抗寒、解药害及阴霾天气生长调理小处方

设施蔬菜在弱光、低温、药害等逆境环境下，经常会有生长异常现象。受害秧苗，可以使用生物营养液调节，增强植株肥水吸收能力。

如：选用生物活性动力素阿速勃叶500倍液，或生物激活剂55%益施帮水剂500倍液，或硅肥途保康水剂400倍液、植物蛋白1.5%维达利可湿性粉剂5 000倍液喷施叶片，对植株进行调节。

（五）农家肥肥害补救小处方

方法一：在苗期第一次浇水时，用10亿个芽孢/克枯草芽孢杆菌NCD-2 300倍液随水冲施，每667米²用量为500克。补充土壤中优质微生物。

方法二：每667米²用腐菌酵素6千克随水冲施；或用2千克腐菌酵素对50千克水，灌1 000棵苗。

方法三：每667米²用生物钾肥根真多5千克微冲，可以有效缓解烧苗症状，恢复生长。

（六）越冬栽培补光促长小处方

北方冬季昼短夜长，阴霾天、雨雪连阴天多发，低温弱光环境对植株生长极为不利。在温室生产中可用补光灯和反光膜来增加光照，延长植株光合作用时间。其中，合鸣牌植物生长补光灯每5延长米架设一盏，如图190，可早晚各延长照射2小时。同时，在后墙上铺贴反光膜，增加散射光。另外，可在棚室内架设二氧化碳释放器，如图191，增强植株光合作用，促进作物生长。

图190　越冬棚室架设补光灯模式

图191　越冬棚室架设二氧化碳释放器

（七）种子药剂包衣防病小处方

用6.25%精甲霜灵·咯菌腈（亮盾）10毫升，对水150～200毫升包衣3～4千克种子，可有效预防蔬菜苗期立枯病、炭疽病、猝倒病等病害发生。

（八）苗床土配制、消毒小处方

用没有种过蔬菜的大田土与腐熟的有机肥按6：4比例混合均匀，并且每立方米苗床土加入100克68%精甲霜灵·锰锌水分散粒剂+100毫升2.5%咯菌腈悬浮剂制成药土，覆盖于种子上。或在播种覆土后，用68%精甲霜灵·锰锌水分散粒剂（金雷）400倍液喷洒苗床表面，可以有效避免蔬菜苗期立枯病、炭疽病和猝倒病等病害发生。

（九）穴盘营养基质配制小处方

按照草炭：蛭石为2：1的比例配制穴盘营养基质，每立方米基质加入三元复合肥1～1.5千克（三元复合肥氮、磷、钾比例为15：15：15，如果是冬春季节育苗，需加2千克），同时加入100克68%精甲霜灵·锰锌水分散粒剂（金雷）+100毫升2.5%咯菌腈悬浮剂，做基质消毒处理。

（十）农家肥发酵处理小处方

将未腐熟的鸡、牛、猪等农家肥2～3米³掺入腐菌酵素2千克和粉碎的作物秸秆500千克，拌匀，也可加入5千克碳酸氢铵（农民常说的气肥），用废弃的塑料膜盖好封严，10～15天即可完全发酵。

（十一）新建棚室土壤改良小处方

每667米²用6～8米³农家肥加6千克腐菌酵素混合均匀施于棚内，深耕土壤，增强土壤通透性及活性，7～10天后即可定植生产。

（十二）高温闷棚杀菌小处方

1.洁净棚室：在6～7月，上茬作物收获后，清除作物残体，除尽田间杂草，运出棚外集中深埋或烧毁。

2.铺施秸秆：将玉米秸、麦秸、稻秸等作物秸秆截成3～5厘米寸段，玉米芯、废菇料等粉碎后，按照每667米²1 000～3 000千克的用料量均匀铺撒在棚室内。

3.铺施有机肥：每667米²用鸡粪、猪粪、牛粪等腐熟的有机肥3 000～5 000千克，均匀铺撒在秸秆上或与作物秸秆充分混合后铺撒。同时拌入三元复合肥30千克（氮、磷、钾有效含量为15：15：15）或磷酸二铵15千克。具体用量可根据土壤肥力、下茬作物类型及种植模式选择决定。

4.撒施速腐剂：施入速腐剂如腐菌酵素，每667米²施2～3千克，深翻25～40厘米后，整地做成利于灌溉的平畦。

5.灌水：棚室灌水至土壤充分湿润，相对湿度达到85%左右（地表无明水，用手攥土团不散即可）。

6.双层覆盖：用地膜或整块塑料薄膜覆盖地面，密封各个接缝。同时封闭棚室并检查棚膜，修补破口漏洞，保持棚室清洁和良好的透光性。

7.闷棚时间：密闭后的棚室，保持棚内高温高湿状态25～30天，但是需要分成两个阶段。第一阶段至少有累计15天以上的晴热天气，两周后再浇一次大水而后闷棚7～10天。高温闷棚期间应防止雨水灌入棚室内。闷棚可以持续到下茬作物定植前5～10天。

8.定植准备：打开通风口，揭去覆盖的地膜晾棚。待地表干湿合适后，整地作畦。为下茬作物栽培做准备时，除了施用有机肥外还要补充中微量元素作底肥，如每667米²施入昆卡500克＋伊万腐殖酸250毫升。

（十三）出苗壮秧抗病小处方

蔬菜幼苗出齐长出真叶后，可对其进行健壮防病生物菌剂处理。采用生物激活剂益施帮500倍液喷施，或螯合氨基酸如56%阿速勃根800倍液喷施幼苗，促进秧苗生长，增强秧苗抗逆性。

（十四）育苗防控病毒传播小处方

一是设施棚室安装50目*防虫网并在棚室内吊设黄色诱杀板每667米²30块。二是用35%噻虫嗪悬浮剂（锐胜）2 000～3 000倍液，喷淋幼苗或灌根，可有效防控粉虱类害虫和蚜虫等刺吸口器害虫，杜绝病毒病等病害传播，持效期在30天以上。

（十五）秧苗茎基腐病防控小处方

秧苗定植前，用68%精甲霜灵·锰锌水分散粒剂（金雷）500倍液，

* 目为非法定计量单位，50目网孔径尺寸为0.36毫米。

或6.25%精甲霜灵·咯菌腈（亮盾）500倍液，对定植穴进行土壤表面喷施，而后定植秧苗，可有效防控茎基腐病。

（十六）西葫芦蘸花防控灰霉病小处方

灰霉病是花期侵染，辅助授粉蘸花的用药方式非常重要。蘸花防控灰霉病配药方法是：将配好的蘸花药液中每1 500 ～ 2 000毫升加入10毫升2.5%咯菌腈悬浮剂，浸瓜或涂抹使花器均匀着药，可有效防控灰霉病。

（十七）抗寒、缓解寒害小处方

1.下雪时，棉被没有覆膜的，及时尽早拉开棉被，清扫棚膜上的积雪。有条件的可以用温水清除棚膜上的灰尘、污物及积雪，增加大棚内日照，提高棚温。

2.增加覆盖物：尽快架设二膜，在大棚内套二膜或架设小拱棚并加盖草帘。大棚前面加草苫围帘或玉米秸，增加保温措施。这样可增温1 ～ 2℃。

3.在原来的棉被或草苫上面再加一层薄苫或棚膜，压严封口和棚前围挡处，可使棚温提高2 ～ 3℃，不仅可以挡风，还能防止因雨雪打湿冻僵草苫，导致的拉苫故障，同时可减少因水分蒸发而散失热量。

4.有条件的园区，可以开通暖风机、空调、暖气片等加温设备增温，或温室内增设火炉或电暖气、电热炉增温保苗。

5.使用足功率的植物灯，补光的同时还可以提高棚温2.5℃左右。同时，在充足光照下，光合作用良好，植株健壮，可以提高作物的耐冷性。

6.棚内凌晨4 ～ 5时点燃增温燃烧块，每3 ～ 5延长米点燃一块，或在棚内两侧各每1 ～ 1.5延长米点燃一支蜡烛，在清晨最寒冷的时段对防冻害有一定作用。

7.喷施螯合氨基酸硅肥：取阿速勃叶30毫升对16升水喷施，或取途保康10毫升对16升水叶面喷施，可增加叶肉含糖量及硬度，提高植株抗寒性，缓解冻害。

8.中耕，严格控制浇水：通风时要短时放湿气，排除湿气后尽快关闭风口使棚室尽快升温。可以采用浅中耕破湿土的办法，控制水分蒸腾和促进根部保温。保温防寒时段不提倡冲施水溶性肥料，必须追肥时，建议施用螯合氨基酸液肥，如每667米²施阿速勃沃土500毫升，或生物钾肥、腐殖酸补充营养。棚内定期补施二氧化碳，促进光合作用。

9.在天气预报有极度寒冷天气到来之前，可以迅速喷施95%螯合氨基酸水乳剂（阿速勃叶）300倍液，或55%螯合氨基酸硅水剂（途保康）400倍液，或90%腐殖酸水剂（伊万腐殖酸）500倍液，或55%螯合氨基酸水剂（益施帮）400倍液，或3.4%赤·吲乙·芸晶体（碧护）5 000倍液，可增强作物耐寒性。

（十八）解药害小处方

轻度药害：叶片卷曲、微翘，叶肉皱缩，斑驳花叶，叶柄拉长。

解救措施：

（1）取阿速勃叶30毫升对16升水喷施。

（2）取爱沃富15毫升对16升水喷施。

中度药害：叶片黄化、皱缩、畸形，叶缘脱水性枯干，植株生长紊乱。

解救措施：

（1）每667米²根施阿速勃根500毫升，滴灌或喷淋。可用阿速勃叶30毫升+海藻酸20毫升对16升水辅助喷施。

（2）每667米²用根罗2千克对水喷施；或取甘美25毫升对16升水喷施。

（3）每667米²用伊万腐殖酸500毫升滴灌或冲施；或取爱沃富20毫升对16升水喷施。

重度药害：植株明显矮化、轻度丛枝，叶片畸形、黄化褪绿、僵硬、烧灼性白化、枯斑等，幼果僵化。

解救措施：

（1）每667米²用阿速勃沃土1 000毫升冲施或滴灌；取阿速勃叶40毫升对16升水喷施，5天之后再喷一次。

（2）每667米²用根罗2千克滴灌或冲施，5天后再施一次；取甘美50毫升+3.4%赤·吲乙·芸晶体（碧护）3克对水16升喷淋，5天之后再施一次。

（3）每667米²用伊万腐殖酸500毫升小水冲施，5天后再冲施一次，活化根系促进养分吸收；取55%氨基酸硅水剂（途保康）25毫升+3.4%赤·吲乙·芸晶体3克对水16升喷雾。

整体目标：促根迅速生长和植株症状缓解。

（十九）解肥害小处方

轻度肥害：叶片黄化，叶缘褐色枯干。

解救措施：

（1）每667米²用腐菌酵素4千克滴灌或冲施，改善根系生存环境；取55％螯合氨基酸水剂（益施帮）25毫升对16升水（1喷雾器水）喷施。

（2）每667米²用阿速勃沃土（海藻酸）500毫升＋阿速勃根700毫升滴灌或冲施；取阿速勃叶（螯合氨基酸）25毫升对16升水（1喷雾器水）喷施。

中度肥害：根系褐色，植株生长受到抑制，叶缘脱水性枯干，叶片皱缩、畸形。

解救措施：

（1）每667米²用阿速勃沃土1升冲施，5天后可以再施一次；取阿速勃盖美25毫升对16升水喷施。

（2）每667米²用根罗2千克冲施；取甘美50毫升对16升水喷施。

（3）每667米²用阿速勃沃土500毫升冲施，5天后再施一次。取爱沃富10毫升或益施帮25毫升对16升水喷施。

重度肥害：植株明显矮化，叶片畸形、黄化、褪绿或白化、大面积枯干。

解救措施：

（1）每667米²用腐菌酵素4千克冲施，可快速缓解因农家肥未腐熟造成的烧苗和滞长。7天后视情况再用阿速勃根500毫升小水冲施；取阿速勃叶20毫升＋伊万腐殖酸40毫升对16升水喷施。

（2）每667米²用腐菌酵素4千克＋根罗2千克随水冲施；取甘美50毫升对16升水喷施。

（3）每667米²用生物菌剂根真多5千克随水冲施；取阿速勃叶20毫升或绿得钙20毫升对16升水喷施。

八、西葫芦、南瓜病虫害防治历

月份	易发病虫害	防治措施	栽培方式	防治用药
1	猝倒病 土传病害	土壤消毒	早春育苗	50千克苗床土加100毫升6.26%精甲霜灵·咯菌腈悬浮剂拌土过筛混均后可装营养钵。铺育苗畦上
	细菌性软腐病 细菌性叶枯病	喷药	越冬栽培	47%春雷·王铜可湿性粉剂400倍液，77%可杀得可湿性粉剂600倍液，30%噻唑锌悬浮剂400倍液喷施后封杀地面
	寒害	保暖、除湿	越冬栽培	喷施56%螯合氨基酸水乳剂（阿速劲叶）800倍液，或55%氨基酸（途保康）400倍液，40%螯合氨基酸水剂（爱沃富）400倍液，55%螯合氨基酸水剂（益施帮）400倍液
	猝倒病		育苗	68%精甲霜灵·锰锌水分散粒剂600倍液淋根，或68.75%氟吡菌胺·精甲霜盐酸盐水剂1000倍液淋根，或68.75%噁酮·锰锌水分散粒剂600倍液喷施
2	灰霉病	药剂蘸花	越冬栽培	2～3千克花液加10毫升2.5%咯菌腈悬浮剂混匀蘸花
		喷药		50%多菌灵可湿性粉剂800倍液，50%啶酰菌胺可湿性粉剂1000倍液，40%嘧菌环胺水分散粒剂1200倍液，50%咯菌腈可湿性粉剂600倍液
	猝倒病	苗盘消毒	早春育苗	68%精甲霜灵·锰锌水分散粒剂600倍浸盘或淋灌

（续）

月份	易发病虫害	防治措施	栽培方式	防治用药
2	疫病、茎基腐病	土壤表层药剂消毒	越冬西葫芦、南瓜	72%霜脲·锰锌可湿性粉剂800倍液、70%烯酰吗啉可湿性粉剂600倍液、68.75%氟吡菌胺·霜霉威盐酸盐水剂1000倍液、10%氟噻唑吡乙酮可分散油悬浮剂3000倍液喷施
	细菌性软腐病、细菌性叶枯病	降湿、苗期预防为主	越冬栽培	47%春雷·王铜可湿性粉剂400倍液、30%噻唑锌悬浮剂600倍液喷施
	冷害、寒害		早春栽培	喷施56%氨基酸水乳剂（阿速勃叶）800倍液、55%氨基酸硅（途保康）400倍液
	灰霉病			喷施40%嘧霉胺悬浮剂1200倍液、50%啶酰菌胺可湿性粉剂1000倍液
3	蚜虫、烟粉虱	灌根、喷雾、清除杂草、加防虫网	越冬栽培 春季栽培	25%噻虫嗪水分散粒剂2000倍液、10%吡虫啉可湿性粉剂1000倍液、20%噻虫胺3000倍液、2.5%高效氯氟氰菊酯水剂1000倍液淋湿秧苗或喷雾
	猝倒病	早期预防	越冬型栽培	25%嘧菌酯悬浮剂1500倍液、68%精甲霜灵·锰锌水分散粒剂600倍液、70%烯酰吗啉可湿性粉剂600倍液喷施
	炭疽病	喷施用药	春季栽培	10%苯醚甲环唑水分散粒剂1000倍液、70%代森锌干悬浮剂600倍液、75%百菌清可湿性粉剂600倍液
	菌核病			50%啶酰菌胺可湿性粉剂1000倍液、40%嘧霉胺悬浮剂1200倍液、90%烙菌腈可湿性粉剂3000倍液

月份	易发病虫害	防治措施	栽培方式	防治用药
3	疫病、霜霉病			72%霜脲·锰锌可湿性粉剂800倍液、70%烯酰吗啉可湿性粉剂600倍液、68.75%氟吡菌胺·霜霉威盐酸盐水剂1 000倍液、10%氟噻唑吡乙酮可分散油悬浮剂3 000倍液喷施
	溃疡病			77%氢氧化铜可湿性粉剂1 000倍液
	疫病、炭疽病	喷施	春季，越冬冷拱棚	25%嘧菌酯悬浮剂1 500倍液、68%精甲·锰锌水分散粒剂600倍液、72%霜脲·锰锌可湿性粉剂800倍液、70%烯酰吗啉可湿性粉剂600倍液喷施、68.75%氟吡菌胺·霜霉威盐酸盐水剂1 000倍液、10%苯醚甲环唑水分散粒剂1 000倍液、10%氟噻唑吡乙酮可分散油悬浮剂3 000倍液、70%代森锌干悬浮剂600倍液、75%百菌清可湿性粉剂600倍液
4	病毒病	防传毒媒介		10%吗胍·铜可湿性粉剂400倍液
	疫病、霜霉病、炭疽病	喷施或喷淋	春季栽培、大拱棚栽培	25%嘧菌酯悬浮剂1 500倍液+68%精甲·锰锌水分散粒剂600倍液、72%霜脲·锰锌可湿性粉剂600倍液、70%霜霉威水剂800倍液、10%苯醚甲环唑水分散粒剂800倍液、70%代森锌干悬浮剂600倍液、80%代森·锰锌可湿性粉剂500倍液、75%百菌清可湿性粉剂600倍液
	蚜虫、白粉虱	灌根		25%噻虫嗪水分散粒剂2 000倍液、35%噻虫嗪悬浮剂3 000倍液、10%吡虫啉可湿性粉剂1 000倍液
5	疫病	喷施	春季栽培、大拱棚栽培	25%嘧菌酯悬浮剂1 500倍液+68%精甲·锰锌水分散粒剂600倍液、72%霜脲·锰锌可湿性粉剂600倍液、70%霜霉威水剂800倍液

八、西葫芦、南瓜病虫害防治历

无公害蔬菜病虫害防治实战丛书

（续）

月份	易发病虫害	防治措施	栽培方式	防治用药
5	炭疽病、菌核病、白粉病			25%嘧菌酯悬浮剂1 500倍液+47%春雷·王铜水剂500倍液、10%苯醚甲环唑水分散粒剂800倍液、80%代森锰锌可湿性粉剂500倍液
	细菌性软腐病	菜田随浇水用药		27.12%氢氧化铜悬浮剂600倍液、47%春雷·王铜可湿性粉剂500倍液
	枯萎病、蔓枯病			10亿个芽孢/克枯草芽孢杆菌可湿性粉剂500倍液灌根
	疫病	药剂浸盐、淋灌、喷施	夏季栽培、大拱棚栽培、露地栽培	68%精甲霜灵·锰锌水分散粒剂600倍液浸盘或淋灌、72%霜脲·锰锌可湿性粉剂800倍液、70%烯酰吗啉可湿性粉剂600倍液喷施，68.75%氟吡菌胺·霜霉威盐酸盐水剂1 000倍液、10%氟噻唑吡乙酮可分散油悬浮剂3 000倍液喷施
6	叶枯病、白粉病	药剂喷施	大棚栽培、露地栽培	10%苯醚甲环唑水分散粒剂800倍液、70%代森锌干悬浮剂600倍液、80%代森锰锌可湿性粉剂500倍液
	蚜虫	药剂喷施		25%噻虫嗪水分散剂3 000倍液、10%吡虫啉可湿性粉剂800倍液
	茶黄螨			1.8%阿维菌素乳油2 000倍液
	热害	喷施生物活性类植物营养剂		56%螯合氨基酸水乳剂（阿速勃叶）800倍液、55%氨基酸硅（途保康）400倍液、40%螯合氨基酸水剂（爱沃富）400倍液、55%螯合氨基酸水剂（益施帮）400倍液

月份	易发病虫害	防治措施	栽培方式	防治用药
6	病毒病	加强栽培管理		加强中耕，施肥浇水，避免干旱，培育壮秧
	炭疽病	喷施	大棚栽培 露地栽培	25%嘧菌酯悬浮剂1 500倍液，75%百菌清可湿性粉剂600倍液，80%代森锰锌可湿性粉剂500倍液，10%苯醚甲环唑水分散粒剂800倍液，70%代森锌干悬浮剂600倍液
7	茎基腐病	淋灌或浸盘遮阴	秋季育苗	68%精甲霜灵·锰锌水分散粒剂800倍液，70%烯酰吗啉可湿性粉剂600倍液，68.75%氟吡菌胺·霜霉威盐酸水剂1 000倍液，10%氟噻唑吡乙酮可分散油悬浮剂3 000倍液喷施
	病毒病	加强栽培管理		培育壮秧
	茎基腐病 疫病	淋灌或喷施	秋季栽培	68%精甲霜灵·锰锌水分散粒剂600倍液浸盘或淋灌，72%精腙·锰锌可湿性粉剂800倍液，70%烯酰吗啉可湿性粉剂600倍液，68.75%氟吡菌胺·霜霉威盐酸水剂1 000倍液，10%氟噻唑吡乙酮可分散油悬浮剂3 000倍液喷施
8	细菌性软腐病，细菌性叶枯病	药剂喷施	秋季栽培	47%春雷·王铜水剂500倍液，77%氢氧化铜可湿性粉剂600倍液，27.12%碱式硫酸铜悬浮剂500倍液
	褐斑病	加强肥水管理		25%嘧菌酯悬浮剂1 500倍液，75%百菌清可湿性粉剂600倍液，80%代森锰锌可湿性粉剂500倍液，10%苯醚甲环唑水分散粒剂800倍液，70%代森锌干悬浮剂600倍液

八、西葫芦、南瓜病虫害防治历

无公害蔬菜病虫害防治实战丛书

（续）

月份	易发病虫害	防治措施	栽培方式	防治用药
9	疫病	喷施	秋季栽培	68%精甲霜灵·锰锌水分散粒剂600倍液喷淋或灌根、72%霜脲·锰锌可湿性粉剂800倍液、70%烯酰吗啉可湿性粉剂600倍液、68.75%氟吡菌胺·霜霉威盐酸盐水剂1 000倍液、10%氟噻唑吡乙酮可分散油悬浮剂3 000倍液
	细菌性叶枯病、细菌性软腐病	喷施淋灌根		47%春雷·王铜水剂500倍液、77%氢氧化铜可湿性粉剂600倍液、27.12%碱式硫酸铜悬浮剂500倍液
	白粉病	药剂喷施		10%苯醚甲环唑水分散粒剂1 000倍液、32%吡唑萘菌胺·密菌酯悬浮剂1 200倍液、42.4%氟唑菌酰胺·吡唑醚菌酯悬浮剂1 500倍液、42.8%肟菌酯悬浮剂1 500倍液、75%百菌清可湿性粉剂600倍液
	炭疽病			25%密菌酯悬浮剂1 500倍液、75%百菌清可湿性粉剂600倍液、10%苯醚甲环唑水分散粒剂800倍液、80%代森锰锌可湿性粉剂500倍液、70%代森锌干悬浮剂600倍液喷施
	蚜虫、白粉虱			25%噻虫嗪水分散粒剂2 000倍液、10%吡虫啉可湿性粉剂1 000倍液
10	白粉病	药剂喷施	秋季栽培 秋延后大棚	10%苯醚甲环唑水分散粒剂1 000倍液、32%吡唑萘菌胺·密菌酯悬浮剂1 200倍液、42.4%氟唑菌酰胺·吡唑醚菌酯悬浮剂1 500倍液、42.8%肟菌酯悬浮剂1 500倍液、75%百菌清可湿性粉剂600倍液
	疫病	药剂浸盘、淋灌 或喷施		68%精甲霜灵·锰锌水分散粒剂600倍液浸盘或淋灌、72%霜脲·锰锌可湿性粉剂800倍液、70%烯酰吗啉可湿性粉剂600倍液、68.75%氟吡菌胺·霜霉威盐酸盐水剂1 000倍液、10%氟噻唑吡乙酮可分散油悬浮剂3 000倍液喷施

月份	易发病虫害	防治措施	栽培方式	防治用药
10	烟粉虱、红蜘蛛	药剂喷施		1.8%阿维菌素乳油2 000倍液、20%丁氟螨酯悬浮剂1 500倍液、40%四螨嗪悬浮剂3 000倍液喷施
11	烟粉病	药剂喷施	越冬栽培	10%苯醚甲环唑水分散粒剂1 000倍液、32%吡唑萘菌胺·吡唑醚菌酯悬浮剂1 200倍液、42.4%氟唑菌酰胺·吡唑醚菌酯悬浮剂1 500倍液、42.8%氟菌唑菌酰胺·厉菌悬浮剂、75%百菌清可湿性粉剂600倍液喷施
	细菌性软腐病、细菌性叶枯病	药剂喷施		47%春雷·王铜可湿性粉剂400倍液、77%氢氧化铜可湿性粉剂1 000倍、27.12%碱式硫酸铜悬浮剂500倍液喷施
	灰霉病	喷施、晴天整枝	越冬栽培	45%多菌灵·乙霉威可湿性粉剂800倍液、50%啶酰菌可湿性粉剂1 000倍液、40%嘧菌环胺水分散粒剂1 200倍液、50%咯菌腈可湿性粉剂3 000倍液
12	细菌性叶枯病、细菌性软腐病	土壤加施酸铜		47%春雷·王铜可湿性粉剂400倍液、77%氢氧化铜可湿性粉剂1 000倍液、27.12%氧化亚铜悬浮剂500倍液
	寒害	保温驱湿、喷施生物活性类植物营养剂		喷施56%螯合氨基酸水乳剂（阿速勃叶）800倍液、55%氨基酸硅（途保康）400倍液、40%螯合氨基酸水剂（爱沃富）400倍液、55%螯合氨基酸水剂（益施帮）400倍液

八、西葫芦、南瓜病虫害防治历

无公害蔬菜病虫害防治实战丛书

九、常用农药通用名称与商品名称对照表

作用类型	商品名称	通用名称	剂型	含量（%）	主要生产厂家
杀菌剂	金雷	精甲霜灵·锰锌	水分散粒剂	68	先正达公司
杀菌剂	瑞凡	双炔菌酰胺	悬浮剂	25	先正达公司
杀菌剂	银法利	氟吡菌胺·霜霉威盐酸盐	水剂	68.75	拜耳公司
杀菌剂	世高	苯醚甲环唑	水分散粒剂	10	先正达公司
杀菌剂	适乐时	咯菌腈	悬浮剂	2.5	先正达公司
杀菌剂	达克宁	百菌清	可湿性粉剂	75	先正达公司
杀菌剂	甲基托布津	甲基硫菌灵	可湿性粉剂	70	国内企业等
杀菌剂	克抗灵	霜脲·锰锌	可湿性粉剂	72	河北科绿丰公司
杀菌剂	霜疫清	霜脲·锰锌	可湿性粉剂	72	国内企业
杀菌剂	杀毒矾	噁霜·锰锌	可湿性粉剂	64	先正达公司
杀菌剂	普力克	霜霉威	水剂	72.2	拜耳公司
杀菌剂	阿米西达	嘧菌酯	悬浮剂	25	先正达公司
杀菌剂	大生	代森锰锌	可湿性粉剂	80	科迪华公司
杀菌剂	阿米多彩	嘧菌酯·百菌清	悬浮剂	56	先正达公司
杀菌剂	农利灵	乙烯菌核利	干悬浮剂	50	巴斯夫公司
杀菌剂	多霉清	乙霉威·多菌灵	可湿性粉剂	50	保定化八厂
杀菌剂	利霉康	乙霉威·多菌灵	可湿性粉剂	50	河北科绿丰公司
杀菌剂	阿米妙收	苯醚甲环唑·嘧菌酯	悬浮剂	32.5	先正达公司
杀菌剂	加瑞农	春雷·王铜	可湿性粉剂	47	江门植保科技
杀菌剂	噻唑锌	噻唑锌	可湿性粉剂	30	国内企业

作用类型	商品名称	通用名称	剂型	含量（%）	主要生产厂家
杀菌剂	凯泽	啶酰菌胺	可湿性粉剂	50	巴斯夫公司
杀菌剂	阿克白	烯酰吗啉	可湿性粉剂	50	巴斯夫公司
杀菌剂	百泰	吡唑醚菌酯·代森联	水分散粒剂	65	巴斯夫公司
杀菌剂	克露	霜脲·锰锌	可湿性粉剂	72	科迪华公司
杀菌剂	绿妃	吡唑萘菌胺·嘧菌酯	悬浮剂	32.5	先正达公司
杀菌剂	露娜森	氟吡菌酰胺·肟菌酯	悬浮剂	42.8	拜耳公司
杀菌剂	健达	氟唑菌酰胺·吡唑醚菌酯	悬浮剂	42.4	巴斯夫公司
杀菌剂	增威赢绿	氟噻唑吡乙酮	可分散油悬浮剂	10	富美实公司
杀菌剂	冠菌铜	琥珀酸铜	悬浮剂	30	国内企业
杀菌剂	加收米	春雷霉素	水剂	2	江门植保科技
杀菌剂	扑海因	异菌脲	可湿性粉剂	50	巴斯夫公司、国内企业
杀菌剂	NCD-2	枯草芽孢杆菌	可湿性粉剂	10亿个芽孢	河北科绿丰公司
杀菌剂	恶霉灵	敌克松·多菌灵	可湿性粉剂	98	国内企业
杀菌剂	爱苗	丙环唑·苯醚甲环唑	乳油	25	先正达公司
杀菌剂	可杀得	氢氧化铜	可湿性粉剂	77	科迪华公司
杀菌剂	凯润	吡唑醚菌酯	乳油	25	巴斯夫公司
杀菌剂	速克灵	腐霉利	可湿性粉剂	50	日本住友
杀菌剂	品润	代森锌	干悬浮剂	70	巴斯夫公司
病毒抑制剂	吗啉胍	吗啉胍	可湿性粉剂	20	国内企业
植物生长调节剂	碧护	赤·吲乙·芸	可湿性粉剂	3.4	北京成禾佳信

作用类型	商品名称	通用名称	剂型	含量（%）	主要生产厂家
植物生长调节剂	碧益	赤·吲乙	可湿性粉剂	0.136	明德立达公司
杀线剂	福气多	噻唑磷	颗粒剂	10	浙江石原
杀线剂	施立清	噻唑磷	颗粒剂	10	河北威远
杀虫剂	阿克泰	噻虫嗪	水分散粒剂	25	先正达公司
杀虫剂	锐胜	噻虫嗪	悬浮剂	35或70	先正达公司
杀虫剂	美除	虱螨脲	乳油	5	先正达公司
杀虫剂	四螨嗪	联苯菊酯	乳油	70	富美实公司、国内企业
杀虫剂	福利星	噻虫胺	悬浮剂	30	富美实公司
杀虫剂	护净	噻虫胺	悬浮剂	20	威远生化
杀虫剂	青岚	高效氯氟氰菊酯	水剂	5	威远生化
杀虫剂	吡虫啉	吡虫啉	可湿性粉剂/乳油	10	威远生化、江苏红太阳等
杀虫剂	虫螨克星	阿维菌素	乳油	1.8	威远生化
杀虫剂	帕力特	虫螨腈	悬浮剂	24	巴斯夫公司
杀虫剂	功夫	高效氯氟氰菊酯	水剂	2.5	先正达公司
杀虫剂	度锐	噻虫嗪·氯虫苯甲酰胺	悬浮剂	30	先正达公司
杀虫剂	福戈	噻虫嗪·氯虫苯甲酰胺	水分散粒剂	40	先正达公司
杀虫剂	美除	虱螨脲	乳油	5	先正达公司
杀虫剂	艾绿士	乙基多杀霉素	水分散粒剂	48	科迪华公司
杀虫剂	倍内威	溴氰虫酰胺	可分散油悬浮剂	10	富美实公司
杀虫剂	康宽	氯虫苯甲酰胺	水分散粒剂	20	富美实公司

作用类型	商品名称	通用名称	剂型	含量（%）	主要生产厂家
杀虫剂	可立施	氟啶虫胺腈	水分散粒剂	50	科迪华公司
杀螨剂	金螨酯	丁氟螨酯	悬浮剂	20	富美实公司
生物激活剂	益施帮			55	先正达公司

九、常用农药通用名称与商品名称对照表

无公害蔬菜病虫害防治实战丛书

图书在版编目（CIP）数据

西葫芦 南瓜疑难杂症图片对照诊断与处方／潘阳，孙茜主编．—2版．—北京：中国农业出版社，2019.5
（无公害蔬菜病虫害防治实战丛书）
ISBN 978-7-109-25324-7

Ⅰ.①西… Ⅱ.①潘… ②孙… Ⅲ.①西葫芦-病虫害防治②南瓜-病虫害防治 Ⅳ.①S436.42

中国版本图书馆CIP数据核字（2019）第048039号

中国农业出版社出版
（北京市朝阳区麦子店街18号楼）
（邮政编码 100125）
责任编辑 阎莎莎 张洪光

中农印务有限公司印刷 新华书店北京发行所发行
2019年5月第2版 2019年5月北京第1次印刷

开本：880mm×1230mm 1/32 印张：3.5
字数：105千字
定价：26.00元
（凡本版图书出现印刷、装订错误，请向出版社发行部调换）